A World Without Email

Reimagining Work in an Age of Communication Overload

沒有Email的世界

過度溝通時代—的—深度工作法

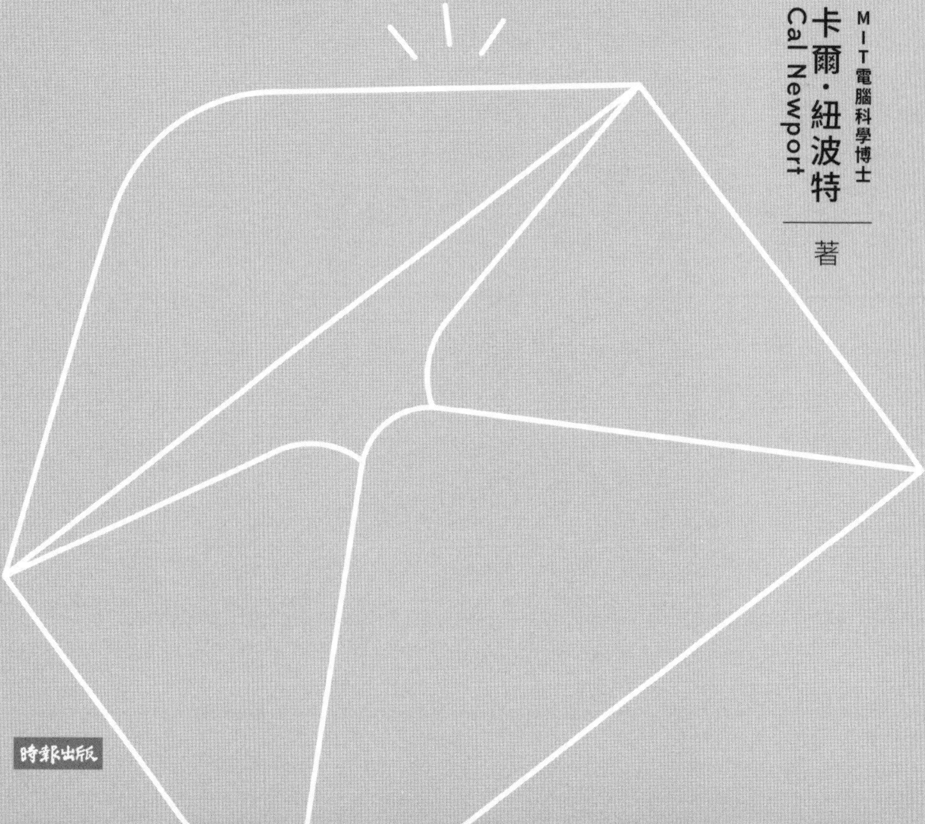

MIT電腦科學博士
卡爾・紐波特
Cal Newport
著

時報出版

獻詞

致麥克、亞莎和喬許：

願你們的未來不會被收件匣主宰

各界讚譽

《沒有 Email 的世界》澄清了許多人直覺感受到、卻無法解釋的事：我們的工作方式故障了。卡爾．紐波特擘畫一條恢復理智的路途，提出許多經過實測的方法來幫助我們避免電子信箱的暴政，創造更平靜、更有規劃、更有生產力的工作生活。

——Dropbox 共同創辦人暨執行長德魯．休士頓（Drew Houston）

工作的未來需要新的合作工具。卡爾．紐波特試圖挖掘對知識工作者更好的合作方式。在這之中將誕生新的工作空間。

——《連線》雜誌（*Wired*）資深獨行俠凱文．凱利（Kevin Kelly）

卡爾．紐波特的新作不只砍除電子郵件問題的枝節，並且直擊其根源。這是一本大膽、具有遠見、甚至預言式的著作，挑戰現況。如果你想要窺探未來的工作會是何種模樣，現在就閱讀本書。

——《紐約時報》暢銷書《少，但是更好》作者葛瑞格・麥基昂（Greg McKeown）

卡爾・紐波特的新書一上架，我便放下一切，搶著閱讀。引用先進的電腦程式，撰寫到一世紀前工廠作業等證據與案例，紐波特提出強力的訴求：沒有電子郵件，我們可以、也將過得好很多。務必閱讀這本好書。它或許會改變你的人生；它已經改變了我的人生。

——《數據偵探》（*The Data Detective*，暫譯）作者提姆・哈福德（Tim Harford）

本書是一項行動呼籲。紐波特建議，現在應該重新思考工作，確切的目標是優化我們腦部的能力以永續增加價值。不要讓你的團隊與組織再輸下去了，閱讀本書來幫助你起步。

——《與智慧型手機共枕》（*Sleeping with Your Smartphone*，暫譯）作者、哈佛商學院領導學教授萊絲莉・普羅（Leslie A. Perlow）

本書明確界定一個很少人明白的問題規模……的確是真知灼見。

——《金融時報》

亨利．福特研究如何提升生產力與組織工廠作業。如今，紐波特在知識工作領域做出相同努力。

——《財富》雜誌

電子郵件驚人的高速成長歷史，說明了電子郵件如何在突然間改變工作者的工作方式……本書為個人與組織提出明智建議。

——《華爾街日報》蘿拉．范德卡姆（Laura Vanderkam）

紐波特的系統導向方法遠比標準個人生產力方法更有希望。他的概念是要完全阻攔洪水。

——《GQ》雜誌

對所有組織的知識工作者，本書的分析與建議將引起共鳴。

——《富比世》雜誌

本書是前進的一步……紐波特提出激進的論述，認為執著於效率的公司完全未能質疑自己的工作流。他們讓自家產品變得更糟，徒然造成社會全面退化。這是一項十分驚人的控訴。

——「伊茲拉克萊恩秀」主持人伊茲拉．克萊恩（Ezra Klein）

本書提供一面透鏡，讓我們可以好好檢視許多人覺得有些瘋狂的工作方式……希望你的老闆也能拿起本書看一看。

——《GQ》雜誌

目次

前言　過動的蜂巢思維　10

第1部　反對電子郵件的理由

第一章　電子郵件降低生產力　26

第二章　電子郵件把我們變得悲慘　64

第三章　電子郵件有自我意識　97

第2部　建立「沒有Email的世界」的原則

第四章　專注力資本原則　136

第五章　流程原則　181

第六章　協定原則　231

第七章　專業化原則　274

結語　二十一世紀射月計畫　325

致謝　331

前言
過動的蜂巢思維

二〇一〇年底，尼許．阿查亞（Nish Acharya）來到華府，準備好投入工作。歐巴馬總統（Barack Obama）任命阿查亞擔任他個人的創新與創業總監，以及商務部長的高級顧問。阿查亞的工作是協調分配一億美元的資金給二十六個不同的聯邦政府機構和五百多所大專院校，這意謂他即將成為典型的華府有力人士：智慧型手機隨時在手，訊息二十四小時不停往來。就在此時，網路斷線了。

一個星期二的早上，就任新職甫兩個月，阿查亞收到他的科技長（CTO）寄來的一封電子郵件，說明因為電腦病毒之故，他們必須暫時切斷辦公室網路。「我們一致預期這將在兩天內修復。」事後進行有關這起事件的訪談時，阿查亞向我表示信件上如是說。結果這項預期太過樂觀了。接下來的一週，一位商務部次長召開了會議，並解釋說，他們懷疑感染政府網路的病毒來自外國勢力，國土安全部建議，在他們追蹤攻擊源頭之際，網路繼續維持關閉。為了安全起見，他們也將銷毀辦公室裡所有的電腦、筆電、印表機，任何內建晶片的物件。

這次網路關閉的最大衝擊之一是辦公室無法收發電子郵件。基於安全理由，他們難以使用個人電郵信箱來執行政府工作，而且繁文縟節亦使他們無法使用其他機構的網路來設立臨時帳戶。阿查亞及其團隊實際上被切斷熱烈往來的線上對話，而聯邦政府內部的最高層工作正是依賴這種方式進行。斷線持續了六星期。他們帶著黑色幽默，稱災難起始的那一天為「黑暗星期二」（Dark Tuesday）。

突然間無預警地喪失電子郵件功能，讓阿查亞的部分工作變得「有如地獄」，這並不令人意外。由於其他政府部門持續倚重這項工具，他時常擔心遺漏重要的會議或請求。「我們有一條既有的資訊管道，」他說明，「而我被排除在外。」另一個辛苦之處是聯絡工作。阿查亞的工作需要敲定眾多會議，無法透過電郵協調讓這項任務變得極為惱人。

然而，較為出乎意料的一點是，阿查亞的工作並沒有在這六週期間中斷。他反而開始注意到，他的工作愈來愈上手。由於無法在出現問題時迅速寄出郵件，他只得離開辦公室與人們親自會晤。因為面對面的會議很難安排，他排定更長的時間，好讓自己深入了解他要碰面的人，以及討論議題的細節。阿查亞解釋，對於正在摸索聯邦政府微妙動能的政壇菜鳥而言，這些長時間的會談實際上「很有價值」。

在這些會談期間無法檢視收件匣，而釋出了認知休息時間——阿查亞稱之為「空格」（whitespace）——讓他得以深入研讀他的辦公室所負責議題的相關文獻與立法。這種較為緩慢、較為縝密的思維方式引發了兩項突破性創意，進而奠定接下來一整年阿查亞所負責機構的會議議程。「在華府政壇，沒有人給自己那種空格，」他跟我說。「大家神經質地查看自己的手機，檢查電郵，這對創造力有害。」

和阿查亞討論黑暗星期二及其餘波的時候，我忽然想到因為網路斷線變成「地獄」的許多問題好像都是可以解決的。舉例來說，阿查亞坦承，每天打電話到白宮詢問是否有任何他需要知道的會議，這個簡單的習慣大幅減輕了他對於被排除在資訊管道之外的擔憂。大概一名專任助理或是資淺的團隊成員就能負責這通電話。另一個問題是繁瑣的會議安排，可是，這個問題用一名助理或是某種自動化時程安排系統也能解決。換句話說，是有可能保留電郵斷線的明確好處，同時避開許多附隨的不便。在說明我設想的解決方案之後，我問他，「你對於這種工作方式有何看法？」電話線的那端沉默了一陣子。我推銷了一個如此動人的提議——永遠不必在工作時使用電子郵件——阿查亞的腦袋一下子凍住了。

阿查亞的反應並不令人訝異。現代知識工作的一個公認前提是電郵拯救了我們：將祕書們抄寫電話留言、郵件推車送來紙本備忘錄這種沉悶的傳統辦公室形式，轉變得更加時尚、更有效率。依據這個前提，如果你覺得被電郵或即時通訊等工具壓得喘不過氣來，那是因為你的個人習慣不好：你應該要分批檢查收件匣，關閉通知，把主旨寫得更為明確！假如收件匣爆滿的情況真的很糟糕，那麼或許你的單位需要調整他們對預期回覆時間等事項的「常規」。然而，對於奠定現代工作的密集電子通訊，人們從未質疑其基本價值，因為這必然會被當作是無可救藥的反動與懷舊，好比渴望乘

坐馬車的往日時光或是燭光的浪漫。

基於這個觀點，阿查亞的黑暗星期二經歷是一項災難。但是，假若我們反過來看呢？假如電郵並未拯救知識工作，反而意外地因小失大，雖獲得小小的便利，卻大大地拖累了實質生產力（不是瞎忙，而是實際成果），進而導致過去二十年來經濟成長**放緩**？如果這些工具的問題不是源自於可以輕易解決的壞習慣與鬆散的常規，而是來自於它們急遽且意外地改變我們工作的本質？換句話說，假使黑暗星期二並不是一項災難，反而是預告最富創造力的企業高層及創業家在未來組織的工作方式呢？

在過去的至少五年裡，我一直執迷於研究電郵是如何破壞人們的工作。這趟旅程的一個重要轉折點發生在二〇一六年，當時我出版了《Deep Work 深度工作力》（*Deep Work*），結果成為暢銷書。那本書的主旨是，知識產業低估了專注力的重要性。雖然使用數位訊息來快速溝通的確很實用，但這種行為所造成的頻繁干擾亦使得人們很

難專心，對我們創造重要成果的能力所形成的衝擊遠大於我們所了解的程度。我在《Deep Work 深度工作力》沒有花很多時間去試圖了解我們究竟為何被收件匣淹沒，或者提議系統性改變。我以為這個問題主要是由於資訊不充足。我的想法是，一旦組織意識到專注力的重要性，便可輕易矯正他們的運作方式，將之列為優先事項。

後來我發現自己太過樂觀了。我在全國巡迴介紹這本書、會晤公司主管與員工、在我的部落格和《紐約時報》（*The New York Times*）、《紐約客》（*The New Yorker*）等刊物撰寫更多有關這類主題的文章之後，我對知識產業的現況產生更加嚴肅、更加細微的了解。密集通訊並不是在干擾實際工作，而是與完成工作的方式完全交織在一起，讓我們無法藉由簡單方法來減少分心，像是改善習慣、或是星期五不收電郵這類暫時性的管理技巧。很顯然，想要取得實質改善的話，我們就必須從基本上改變我們組織專業工作的方式。同樣顯而易見的是，這些改變並非一蹴可幾：儘管電郵超載在二○○○年代初便已蔚為一項流行的毛病，卻直到最近才達到一個飽和點，惡化成為嚴重問題，許多人的實際生產性產出被壓縮到清晨、夜晚或週末，平常的工作日則淪為對抗收件匣的薛西弗斯式戰鬥（Sisyphean，希臘神話中被懲罰永無止境地推巨石上山的國王），造成悲慘的獨特工作方式。

這本書便是我處理這項危機的一個嘗試。首度全面整理我們何以淪落到密集通訊的文化、我們生產力及心理健康所受到的影響，並且探討我們對替代性工作模式所提出的最具說服力的願景。一個沒有電郵的世界，這種激進主意讓阿查亞大為吃驚。但是，我相信這不僅可能做到，而且還是無可避免，我寫作本書的目標是為這項即將降臨的革命繪製藍圖。在我清楚概括說明本書內容之前，我們首先必須明確了解我們現今面對的問題。

一九八〇及九〇年代電子郵件在職場逐漸普及，引進一種新穎的工具：大規模的低摩擦通訊。有了這個新工具，與工作上所有相關人士溝通，就時間與社會資本而言的成本，由龐大降到幾乎為零。如同作家克里斯．安德森（Chris Anderson）在他二〇〇九年的著作《免費！揭開零定價的獲利祕密》（*Free*）中所說，把成本降到零的

動能「非常的神祕」，這解釋了為何很少人預測到免費通訊降臨之後所釋放出來的改變。我們不是只把既有的語音留言、傳真和便條紙的分量轉移到這種更為便利的新電子媒介，而是把決定我們每日活動如何進行的**工作流**（workflow）全部轉變了。比起以前，我們開始大量往返討論，把我們以往一天裡頗為粗糙的具體工作活動排序，撫平成為連續展開的囉嗦對話，混入了我們原本認為的真正工作之中，使其分界變得不再明確。

有一項研究估計，二〇一九年，一般的工作者每日收發一百二十六封公務電郵，等於約每四分鐘一則訊息。RescueTime 這家軟體公司最近使用時間追蹤軟體直接測量這項行為，並且計算出，其用戶平均每六分鐘便會檢查一次電郵或是 Slack 之類的即時通訊工具。加州大學歐文分校的一支團隊進行了一項類似的實驗，追蹤一家大型公司四十位員工在十二個工作天的使用電腦行為。他們發現，員工一天平均檢查收件匣七十七次，最重度的使用者每日檢查四百多遍。Adobe 公司進行的一項調查顯示，知識工作者自陳每天花三個多小時收發業務電郵。

如此說來，問題不是出在這項工具，而在於它所引進的新工作方式。為了幫助我們妥善了解這種新工作流，我賦予它一項名稱與定義：

過動的蜂巢思維（Hyperactive Hive Mind）以持續對話為核心的工作流，透過電子郵件及即時通訊服務等數位通訊工具，傳遞沒有架構、沒有排定時間的訊息。

過動的蜂巢思維工作流在知識產業變得無所不在。無論你是電腦程式工程師、行銷顧問、經理人、報紙編輯或是教授，你的日常生活如今大多是圍繞在應付組織的持續性蜂巢思維對話。這種工作流導致我們花三分之一的工作時間在收件匣中，每六分鐘就檢查一次新訊息。我們現在已經習慣了，但即便是在近代歷史的框架底下去檢視，也可看出我們工作的文化轉變得多麼劇烈，任由它躲過嚴格的審視實在太荒謬了。

持平而論，過動的蜂巢思維並不顯然是個壞主意。這種工作流的好處是它既簡單適應力又超強。一名研究人員向我解釋，電郵的魅力在於這種簡易工具可以應用到幾乎所有種類的知識工作——學習曲線遠低於精通各種工作所需的不同定製數位系統。

沒有架構的對話亦是挖掘意外挑戰及迅速協調回應的有效方法。

但是，如同我將在本書第一部所陳述的，電郵所促成的過動蜂巢思維工作流，雖然很自然，其實是格外缺乏效率。這項失敗可用我們的心理來加以解釋。除非是極小的規模（例如，兩或三個人），這類未經架構的合作根本不符合人腦演化得來的運作模式。如果你的組織依賴蜂巢思維，那麼你便不可能長時間忽視收件匣或聊天管道，而不至於拖慢整體作業。然而，這種持續不斷的蜂巢思維互動需要你頻頻由工作上分心，轉移注意力去討論工作，然後再把注意力轉移回來。我稍後將詳細說明，心理與神經科學的先驅研究顯示，這種環境轉換，即使短暫，也會造成心力的龐大成本，降低認知表現及產生疲憊感，並減低效率。在當下，能夠迅速指派任務或尋求回饋看起來像是簡化了流程，不過我將證明，長期而言，這可能**減少**生產力，導致需要更多時間和更多努力來完成等量的工作。

在本書第一部，我將詳述蜂巢思維工作流的社會元素如何跟我們大腦的社會迴路形成衝突。理性上，你知道收件匣裡的六百封未讀信件並不緊急，提醒自己說那些信件的寄件者有別的事要做，不會枯坐等待、盯著他們的螢幕，咒罵你遲遲不回。但在你的大腦深處，為了適應微妙社會動能、自舊石器時代以來讓人類物種欣欣向榮而演化出來的部位，依然擔心著忽視社會義務給人留下的觀感。就這些社會迴路而言，你的部族成員試著引起你的注意，而你卻無視他們：這種事件被大腦視為緊急情況。這樣持續的不安狀態成為一種焦慮的低度背景噪音，許多執著於收件匣的知識工作者認為這無可避免，但其實只是我們的現代工具與古代大腦不幸錯配所造成的人為現象。

顯而易見的問題是，我們為何採用這種缺點百出的工作流。我在第一部結束時會說明，過動蜂巢思維興起的幕後故事很曲折。沒有人真的**認定**那是個好主意，相反地，就某方面來說，它憑著自己的意志而崛起。我們以為熱烈通訊等同於工作，實際上這是一種我們告訴自己的填充式敘述，以合理化複雜動能所造成的突然改變。

明白我們現今工作方式的由來其實沒什麼道理可言，或許比起其他事情更能激勵我們尋求更好的選項。這正是我在本書第二部的目標。在第二部，我提出一個框架，我稱為**專注力資本理論**（attention capital theory），主張依據專為協助我們發揮腦力、同時減少非必要痛苦的程序來創造工作流。這或許聽起來理所當然，實則和一般知識工作管理的標準想法相牴觸。我將說明，在影響力超凡的企管大師彼得·杜拉克

（Peter Drucker）的觀念啟發下，我們往往把知識工作者視為自治的黑箱——忽視他們是如何完成工作的細節，反而把重點放在提供他們明確的目標與鼓舞人心的領導力。這是一項錯誤。知識產業現今仍有巨大的生產力潛藏著。為了釋放這股生產力，我們需要更有系統地思考如何妥善地組織基本目標，這個目標便是讓綁定在一個網絡上的一群人以最可長久的持續方式、盡可能創造最大的價值。提示：正確解方可不需要每六分鐘便檢查電郵一次。

第二部主要在探討運用專注力資本理論來重建工作流的各項原則，將組織、團隊與個人工作導引到這個方向——讓我們遠離過動蜂巢思維，靠向更有架構的方法，避開第一部詳述的密集通訊問題。支持這些原則的一些概念，來自於某些組織所提供的先鋒案例，他們實驗了盡可能減少未排定通訊的新工作流。其他概念則是取材自數位網路之前的時代，讓複雜的知識組織在當時能有效運作的慣例做法。

第二部所說的原則並不堅持你必須摒棄電郵與即時通訊之類的通訊科技。這些工具仍是十分實用的通訊方式，如果為了證明一個觀點就要回到古老的、較不便利的技術，那就是反動了。可是，這些原則將督促你減少數位通訊，從持續存在的狀態變成偶爾發生的情況。因此，本書書名所稱沒有Email的世界，並不是個驅逐SMTP、POP3等通訊協定的地方。然而，這個地方是這樣的：你的一天實際上大多花在認真工作，而不是討論工作，或者無止境地在訊息裡來來回回商量著瑣事。

這項建議是為了應用到廣大的群眾。這包括想要改革公司營運的企業領袖、想要提升運作效率的團隊、想要擴大價值生產的個人創業家及自由工作者，甚至是想要從專注力資本的觀點來改善個人通訊習慣的個別員工。有鑑於此，我舉出的案例橫跨大小規模，大至希望大刀闊斧改變企業文化的執行長，小至我個人的小實驗，借用軟體開發的系統將我的學術行政作業搬離電子郵件，換到一個更有組織的模式。

第二部所提的建議並不是每一項都適用於各種情況。例如，假使你在一家仍然信奉過動蜂巢思維的企業工作，你在不激怒同事之下所能做出的改變便十分有限。所以你需要謹慎挑選所採行的策略。（為了協助讀者挑選，我會特別指出不同原則應用於個別環境下的案例。）同樣道理，假如你是一名新創企業創辦人，你就比較能實驗激進的新工作流程，勝過一家大公司執行長所能做到的。

不過，我堅信任何個人或組織在認真思考過動蜂巢思維，然後系統性替換為更加符合人腦實際狀況的流程之後，都可以創造可觀的競爭優勢。未來的工作將趨向於認知。意思是說，我們愈快認真看待人腦的實際運作，並尋求最能補強這些現實面的策略，便能愈快明白過動蜂巢思維就算便利，用來組織工作仍是種極度低成效的方法。

因此，本書不應被視為反動或反科技。相反地，本書的宗旨完全是未來導向。如果我們希望在專業環境下充分發揮數位網路的潛力，我們必須不斷地、積極地優化我們的使用方式。抨擊過動蜂巢思維的缺陷，絕對不是一項盧德主義者的舉動（Luddism，十九世紀英國民間對抗工業革命、反對紡織工業化的社會運動），這麼說起來，真正阻礙進步的是屈服在這種生硬工作流的安逸之下，而不去進一步改善。

在這整套規劃中，沒有電郵的世界不是後退的一步，而是前進到我們甫開始了解的光明科技未來的一步。知識工作尚未出現屬於它的亨利．福特（Henry Ford），然而，像他率先使用的汽車組裝線一樣具影響力的工作流創新將是不可避免。我無法預測這種未來的所有細節，但我相信不會需要每六分鐘檢視收件匣一次。這個沒有電郵的世界就要來到，而我希望本書將使你對其潛力感到興奮，和我一樣。

第1部

反對電子郵件的理由

第一章

電子郵件降低生產力

過動蜂巢思維的隱性成本

我剛認識西恩的時候，他跟我說起一個耳熟能詳的職場通訊故事。西恩是一家小型科技公司的共同創辦人，他的公司專為大型機構設計內部使用的應用程式。公司位於倫敦的辦公室有七名員工，依據西恩的描述，他們是過動蜂巢思維工作流的狂熱實踐者。「我們當時習慣隨時開著 Gmail，」他向我表示。「每件事都在電郵中處理。」西恩一醒來就開始收發訊息，並且持續到夜晚。甚至有名員工要求西恩不要那麼晚還寄信，因為意識到老闆的信件正在他睡覺時不斷累加，令他不勝負荷。

接著，過動通訊轉移到新工具上。「Slack 超級流行，所以我們決定試一下，」西恩回想。通訊往返的速度更快了，尤其是在挑剔的客戶加入他們的群組、隨時都可以進來問問題之後：「不間斷的干擾，每天。」西恩都能感受到注意力在訊息、工作、訊息之間來來回回，削弱他清晰思考的能力。他逐漸開始厭惡手機的通知聲。「我討厭那個聲音，現在都還會讓我起雞皮疙瘩，」他說。西恩擔心應付這種通訊的精神壓力正在降低整家公司的效率。「我會工作到凌晨一點，每天晚上都是，」他說，「因為那是我唯一不會分心的時間。」他同時開始覺得這些不停歇的通訊不是在談什麼重要事情。他檢查了他的團隊使用 Slack 的狀況，結果發現最受歡迎的功能是在聊天對話裡插入 GIF 動圖。當他的兩名專案主管突然辭職，西恩心情跌到谷底。「他們精疲力竭了。」

西恩覺得這些數位通訊害得我們更沒生產力，這種挫折感其實是很普遍的情緒。二〇一九年秋天，為了替這本書進行研究，我邀請讀者參與一項調查，談談電子郵件

（以及 Slack 之類的工具）在他們專業生涯所扮演的角色。超過一千五百人回覆，其中許多人都附和西恩的挫折感——不是對工具本身，它們是有效率的通訊方法，而是對它們所促成的過動蜂巢思維式工作流。

這些回覆有一部分是擔憂這種工作流造成龐大的通訊量。「每天都有大批關於時間安排、截止期限的電郵，並沒有獲得有效率的使用，」一位名叫亞特的律師表示。另一名律師喬治形容，他的收件匣像是「信件雪崩」，重要的東西都找不到。

另一部分則是指出對話被延伸成為沒完沒了的信件往返所造成的效率低落。「這種非同步性質是福也是禍，」一位名叫蕾貝嘉的金融分析師表示，「好處是不需要找到那個人，我就可以問個問題或指派工作。壞處是大家期望我們隨時隨地都在檢查電郵，而且迅速回覆。」一名資訊科技專案經理人同樣埋怨：「簡單的對談（幾小時便能解決）演變成一長串電郵，收件人名單不斷增加。」一名公共行政人員指出，把互動轉移到數位訊息，讓它們「過度正式」及「更沒有創意或離題」。她說明：「一群人面對面合作就能完成的一個計畫或工作變得極為複雜，因為要管理透過電郵往返的通訊。」

認為電郵減少生產力的另一個常見論調是，突然間你被迫處理的不相干資訊量爆增。「收到那麼多跟我的職位毫不相關的郵件更新，令我不悅。」一位名為杰的教師寫道。「現在人們把回覆電郵及真正工作混為一談，」一位名為史黛芬妮的主編表示，「撰寫郵件，再把大家列入副本收件者有一種表演意味，好像在說：『看，我做了好多事情。』這真的很煩人。」而如同一位名叫安德烈的人資顧問所說：「至少五〇％的郵件，你的問題都沒有得到回答……你不由得認為，那個人只是隨便打發一封郵件，壓根不在乎我會如何回覆。」

和西恩的故事一樣，我的讀者並沒有饒過 Slack 之類的即時通訊工具，許多人形容它們不過是期待更快回覆的電郵而已。「Slack 只是一個訊息串。它邀請人們幾乎無限制地貼文，」一位名叫馬克的主管教練表示，「糟透了。」

當然，以上的故事都是趣聞軼事。而我接下來會詳述，當你參考相關的研究文獻，便會明白這些讀者指出的問題遠比多數人了解的更為嚴重。電郵或許讓某些特定行動更有效率，但科學將證明，這項科技所造成的過動蜂巢思維工作流對整體生產力已蔚為一項災難。

持續、持續、多工處理的瘋狂

一九九〇年代後期，葛蘿莉亞・馬克（Gloria Mark）擁有令人稱羨的專業生涯。馬克專門研究電腦支援協同工作（CSCW），顧名思義，這個領域是在研究新興科技如何協助人們更具生產力地協同工作。雖然CSCW至少自一九七〇年代起便已存在，當時的重點是管理資訊系統和流程自動化等枯燥主題，直到一九九〇年代才突然熱絡起來，因為電腦網絡與網際網路產生了革新的工作方式。

當時，馬克是位於波昂的德國資訊科技國家研究中心研究員，她跟我說，她「要做什麼都可以」。結果造成她同時「鑽研」數項計畫，大多有關新的協同軟體。除此之外的計畫中，馬克研究一個名為DOLPHIN的超媒體系統，目的是讓會議更有效率，以及一個名為PoliTeam的數位文書處理系統，目的是簡化政府部門內部的文書作業。德國習慣把午餐當成一天當中主要的一餐。馬克解釋，她和同事們享用長時間的午餐之後，會在園區裡散步許久——他們稱之為「巡迴」——一邊消化食物，一邊討論有趣的想法。「風景很美，」她告訴我，「園區裡有一座城堡。」

一九九九年，馬克決定是時候回到她的家鄉美國。她和丈夫兩人都在加州大學歐文分校找到學術工作，於是他們收拾行囊，告別了穿插著悠閒午餐與午後繞著古堡散步的長時段深度工作，返回美西。一進到美國學術界工作，馬克立即被每個人**忙碌**的樣子嚇到。「我很難集中精神，」她說，「我有一大堆計畫要做。」她在德國享用的漫長午餐已成為遙遠的記憶。「我幾乎連買個三明治或沙拉當午餐的時間都沒有，」她說，「等我回來，我看到同事們待在他們辦公室做著同一件事，在電腦螢幕前吃東西。」

為了調查這種工作習慣有多麼盛行，馬克說服當地一家知識產業公司讓她的研究團隊在三個工作日追蹤十四名員工，貼身觀察及準確記錄他們的工作時間分配。其成果是一份大名鼎鼎的報告——或可謂聲名狼藉的報告，取決於你的觀點——在二〇〇四年一場人機互動會議上發表，挑釁的題目係引述一名研究對象對她典型工作日的描述：「持續、持續、多工處理的瘋狂」。

「我們的研究證實，正如許多同事和我們本人一段時日以來，非正式所觀察到的：資訊工作變得非常零碎，」馬克與共同撰寫者維克．岡薩雷茲（Victor González）在報告的討論欄寫著，「令我們訝異的是其零碎程度。」報告的核心發現是，一旦你去除了正式安排的會議，他們追蹤的員工們平均而言，**每三分鐘**便把注意力轉移到別的事情。馬克到了加州以後，突然變得手忙腳亂，這並非她個人的體驗，實際上這是知識工作愈來愈普遍的現象。

我問馬克是什麼原因造成這種零碎化，她馬上回答：「電子郵件。」她做出這項結論的部分理由是參考相關文獻。至少從一九六〇年代起，研究者便在評估經理人在職場上使用時間的情況。雖然他們追蹤的項目在這些年間已有改變，有兩個關鍵項目持續出現：「預定的會議」和「辦公桌工作」。馬克以一九六五年以來一系列報告為起點，並以二〇〇六年那份多工處理瘋狂研究的後續報告作結，從中統整出有關這兩個項目的調查結果。

馬克將這些結果製成一份資料表，一個清楚的趨勢於是浮現。由一九六五年到一九八四年，研究所追蹤的員工每天大約花二〇%的時間在辦公桌工作，花四〇%在預定的會議。二〇〇二年以來的研究則顯示，這兩項比率互換了。如何解釋這項改變？馬克指出，在一九八四年和二〇〇二年研究之間的這段期間，「電郵變得普及。」

電郵降臨現代職場之後，人們不再需要跟同事們坐在同一個房間討論工作，因為他們如今只需要在方便的時刻交換電子訊息即可。由於電郵在這些研究被歸類為「辦公桌工作」，我們可以看到花在辦公桌工作的時間增加，花在預定的會議時間減少。然而，不同於預定的會議，透過電郵的對話不是同步展開，寄出信件的時間與讀取的時間有段間隔，也就是說以往同步會議的緊湊對話，如今分散成一整天內時常短暫檢視收件匣的破碎節奏。在馬克與岡薩雷茲的研究中，預定會議進行的時間平均接近四十二分鐘。相較之下，檢視收件匣直到轉移至其他事情的平均時間只有兩分鐘二十二秒。現在，互動是一丁點一丁點地進行，將一般知識工作者的其他工作時間零碎化。

我們正是在這些十多年前發表的CSCW報告所製成的平淡無奇資料表當中，找到我在本書前言所提出的過動蜂巢思維假說的第一項經驗證據。不過，我們不應太過強調單一研究。幸好在葛蘿莉亞·馬克開始研究通訊技術如何改變知識工作之際，其他研究者也開始提出類似的問題。

二〇一一年刊登在期刊《組織研究》（*Organization Studies*）的一項報告，複製馬克與岡薩雷茲的先驅調查，追蹤一家澳洲電信公司的十四名員工。研究者發現，平均起來，他們追蹤的員工將工作日切割為八十八個「段落」，其中六十個是用來通訊。研究者總結道：「這些資料……似乎支持了知識工作者的工作日非常零碎化的說法。」二〇一六年，在馬克共同撰寫的另一份報告，她的團隊使用追蹤軟體去觀察一家大型企業研究部門員工的習慣，結果發現他們平均起來每天檢查電郵七十七遍。

評估每日收發電郵訊息平均數量的報告，亦顯示出通訊變得更加頻繁的趨勢：二〇〇五年為每日五十封電郵，二〇〇六年為六十九封電郵，二〇一一年為九十二封電郵。科技研究機構 the Radicati Group 最近的一項報告推估，在二〇一九年，也就是我開始寫這一章的那年，企業用戶平均每日會收發一百二十六封電郵。

總結來說，這項研究仔細記錄了過去十五年知識產業中，過動蜂巢思維工作流的興起與實際情況。可是前述研究對於我們眼前的困境只提供了一小部分的快照，因為典型的實驗頂多只觀察二、三十名員工幾天的時間而已。為了全面了解標準網路辦公室的情況，我們來看一家生產力軟體小公司拯救時間（RescueTime）；近年來該公司在兩名專屬數據科學家的協助下，悄然地製作一份了不起的資料集，讓我們首度得以詳盡窺探現代知識工作者的通訊習慣。

拯救時間公司的核心產品是同名的時間記錄工具，在你的裝置背景執行，記錄你花了多少時間在各個應用程式及網站。該公司的源起是二〇〇六年時，一群網路應用程式開發者厭倦了成天努力工作、卻感覺他們沒有得到相對應的實際成果。因為好奇他們的時間都用在哪裡，他們拼湊了一些程式來監測自己的行為。現任執行長羅比・麥克唐奈（Robby Macdonell）向我說明，這項實驗在他們的社交圈頗受歡迎：「我們聽到愈來愈多人說他們也想看看實際上自己使用應用程式的情形。」二〇〇八年冬天，知名的育成中心 Y Combinator 接納了他們的創意，這家公司便誕生了。

拯救時間公司的主要目標是提供個人使用者有關自身行為的詳細回饋，好讓他們可以設法提升生產力。這項工具是網路應用程式，所有數據均儲存在中央伺服器，方得以累積與分析數萬名用戶的時間使用習慣。經過幾次失敗嘗試後，該公司決心做好這些分析。二〇一六年，他們聘請兩名專任數據科學家，將數據轉成既可研究趨勢又能妥善保護隱私權的合適格式，接著著手研究這些重視生產力的現代知識工作者是如何使用他們的時間。其結果十分驚人。

二〇一八年夏季發表的一份報告，分析了逾五萬名積極使用這項追蹤軟體的匿名者行為數據。報告顯示，半數的使用者不到六分鐘便檢查一次電郵與 Slack 等通訊應用程式。事實上，最普遍的平均檢查時間是**每一分鐘一次**，超過三分之一的人不到三分鐘便檢查一次收件匣。值得注意的是，這些平均時間有灌水之嫌，因為其中包括午餐休息時間與一對一會議，研究對象應該不在電腦螢幕前面。（相較之下，葛蘿莉亞．馬克的研究在計算研究對象的注意力轉移平均時間時，並未計入正式會議所花費的時間。）

為了查明不受干擾的時間有多麼珍貴，拯救時間的數據科學家亦計算每個使用者在不檢查收件匣與即時通訊之下工作的**最長時間**。在半數的使用者當中，不受干擾的最長時間不超過四十分鐘，最普遍的則只有區區二十分鐘。三分之二以上的使用者在研究涵蓋期間，從未經歷超過一小時的不受干擾時間。

為了讓這些觀察更為具體，其中一位數據科學家，麥蒂森．呂卡潔克（Madison

Lukaczyk）公布一個圖表，呈現她自己一整個星期的通訊工具使用數據。在這七天，呂卡潔克所有的工作時數當中，只有八個三十分鐘以上的區塊並未檢查通訊，平均下來每天不受干擾的時間只有略微高於一個小區塊。（而她還是專門研究科技分散注意力的人！）

在一份相關報告中，拯救時間的數據科學家設法將通訊習慣與生產力連結起來，專注在使用者花費在自稱「具生產力」活動的時間。他們把每個使用者的生產力時間切割成每五分鐘一小節，再把**沒有**檢查電郵收件匣或即時通訊軟體的小節挑出來。這些不連續的小節大約等同於不受干擾的生產力工作。研究中的使用者平均只有十五個不受干擾的小節，每天加總起來不超過一小時又十五分鐘。需要強調的是，這不是**連續的**一小時又十五分鐘，而是一整天裡不受干擾的生產力工作的總量。

拯救時間這份資料集的含意很驚人：現代知識工作者幾乎從來不超過幾分鐘便收發電子通訊。說我們太常檢查電郵其實過於輕描淡寫；事實是我們**一直**在使用這些工具。

剛才討論的資料集唯一遺漏之處是，我們一整天寄個不停的那些電郵究竟是什麼內容？為了填補這個缺口，我請求參與我的讀者調查的一千五百名人士，挑選最近一個具代表性的工作日，將他們當天收到的電郵分類。我提供七個類別：規劃（安排會議、拜訪等）、資訊性（我定義為不需要回覆的信件）、行政、工作討論、客戶聯絡、私人，以及雜項。

我很好奇我的讀者在工作時收到的電郵主要是哪些種類。令我意外的是，答案是**各式各樣**。規劃、行政、工作討論、客戶聯絡與雜項電郵，平均每日收到八封至十封，私人電郵的平均數量略少一些。唯一例外是資訊性郵件，平均每日十八封。

綜合這些觀察，我們可以清楚看到現代辦公環境下令人不安的互動情況。認為通訊工具只是偶爾干擾工作，已是一種不正確的觀點；比較真實的模式是，知識工作者基本上將注意力分散在兩條平行的軌道：一條是執行工作內容，另一條是管理隨時持續且超載的、關於工作內容電子交談。二〇一一年澳洲研究的作者們便強調這點：

「研究結果令我們相信，這種〔主要工作與通訊干擾之間的〕區分並不存在於充斥通訊媒體的環境，公司員工需要一直去注意這些通訊。」我們不僅隨時都在通訊，而且如同我的讀者調查回應所顯示，我們的通訊內容種類五花八門。現代知識工作組織確實依據蜂巢思維在運作——眾多人的集體智慧經由電子工具拴在一起，在動態的資訊與同步對話潮流之中浮沉。

必須強調的一點是，知識工作的這種**平行軌道**做法儘管很嚴重，表面上未必是壞事一件。例如，有人或許會主張這種持續的通訊有效率，因為它去除了安排正式會議所需要的前置作業，而且人們在需要的時間獲得了他們需要的資訊。在數位通訊革命開端的一九九四年，已故社會學家迪爾德雷．波登（Deirdre Boden）對於這種論調提出一個吸引人的說法，他將這種日益狂熱的通訊習慣比喻為「及時」（just in time）流程，製造業及連鎖大賣場因為這種流程而獲得巨大利潤。也可能有人說，我們在一天內進行大量不同種類的通訊是適應性的產物：唯有高效率通訊工具才可能促成這種高流通量的工作方式。

然而，我接下來將反駁，這種樂觀想法是不對的。當我們被迫面對古老人類大腦的具體現實，過動蜂巢思維工作流的抽象價值立即消散無蹤——我們的大腦是從沒有電子網路與低摩擦通訊的背景中演化而來，卻必須在多個不同注意力目標之間迅速轉移。

平行世界的順序腦

我們把專注集中的能力視為理所當然。如同神經科學的基礎結果顯示，我們與靈長類祖先的差別之處在於，我們的前額葉皮質發揮了類似注意力交通警察的功用，擴大與我們眼前專注目標相關的大腦網絡信號，同時壓抑其他的信號。其他動物可以在立即刺激之下做到這點，例如鹿聽到樹枝斷裂聲會警覺地抬頭，但唯有人類可以決定專注在不是當下周遭實際發生的事物，像是計畫狩獵長毛象或是擬定策略備忘錄。

由狂熱知識工作者的觀點來看，這種流程的一個嚴重缺點是前額葉皮質一次只能應對一個注意力目標。亞當．賈薩雷（Adam Gazzaley）和賴利．羅森（Larry Rosen）在他們二〇一六年的著作《分心的心思（暫譯）》（*The Distracted Mind*）明白指出：「我們的大腦無法平行處理資訊。」因此，當你試圖維持多項進行中的電子交談，同時進行主要工作，例如寫報告或撰寫電腦程式，你的前額葉皮質必須在不同目標之間跳來跳去，每次都必須擴大及壓抑不同的大腦網絡。想當然，這種**網絡切換**不是瞬間流程，需要時間及認知資源。當你想要急速進行，事情就變得一團亂。

至少從二十世紀初葉，早在有人知道前額葉皮質如何實際執行這些改變之前，人們便已觀察到切換注意力會拖累我們心智處理的這個事實。亞瑟·澤西德（Arthur Jersild）於一九二七發表了記載這種現象的最早論文之一。這份報告提出一種方法，成為調查注意力轉移成本的基本實驗架構：給實驗對象兩件任務，記錄他們分開來做這兩件事所需的時間，再看他們交替來回做這兩件事而拉長了多少時間。

舉例來說，澤西德的一項實驗是給實驗對象一欄二位數的數字。任務之一是把每個數字加六，另一項任務是減三。如果請實驗對象只重複做其中一項，像是每個數字加六，相較於輪流進行數字加減，他們會更快完成前者。澤西德接著把實驗變得稍微複雜一些，請實驗對象加十七及減十三，完成兩項任務的時間差距再度擴大，顯示出更為投入的工作需要更為投入的切換。

澤西德發表經典研究之後數十年，有無數其他研究修改了細節，仍得出大致相同的結果：網絡切換拖慢了心思。這些研究的目的是為了增進我們對大腦運作的了解。不過，直到二〇〇九年，科學家才開始認真檢視這種切換的代價如何影響實際職場表現。此時，一名新晉升的助理教授，蘇菲．李洛伊（Sophie Leroy）發表了一份組織行為報告，綜合整理了這些脈絡。這份報告的題目提出一個直率的問題，直指過動蜂巢思維的共事方法出錯之處：**為什麼做好我的工作那麼困難？**

跟葛蘿莉亞．馬克一樣，李洛伊也因為個人體驗而對知識工作心理學產生了興趣。二〇〇一年，她進入紐約大學攻讀博士學位，辭掉在紐約從事了數年的品牌顧問工作，在那個職位上，她親身經歷到知識產業日益零碎的性質。「我們有好多工作，」她告訴我，「大家一直在〔注意力〕目標之間切換。」當時，組織行為的學術領域尚未考慮到這些干擾的心理衝擊。李洛伊決心改變這點。

她的研究進行如下。實驗對象要在五分鐘內完成刁鑽的字謎遊戲。一些對象拿到的是在這個時限可以輕易完成的版本，其他人則拿到實際上**無法**完成的版本，可以確定在五分鐘結束時他們還是不會完成。此外，一些對象接收到時間壓力，包括視線內正在倒數計時的時鐘，以及每六十秒提醒還剩下多少時間，而其他人則沒有這種壓力，並且被告知他們理當可在時限內完成字謎。

這種設定形成四種實驗組合，完成／未完成與壓力／無壓力的情況。在每一種組合下，前五分鐘結束後，李洛伊會請求實驗對象完成一項意料之外的標準心理練習，名為詞彙判斷作業（lexical decision task），目的是要評估他們腦海裡究竟還殘留多少字謎遊戲——她稱這項指標為「**注意力殘留**」（attention residue）。李洛伊發現，在低時間壓力下，無論實驗對象有沒有完成任務，都不影響注意力殘留的量：在這兩種情況中，受試對象腦中殘留的遊戲概念均多於中立概念。

在高時間壓力下，如果受試對象沒有完成任務，注意力殘留的量也差不多。唯一的例外是在高時間壓力下完成了任務：在這個組合下，注意力殘留減少了。李洛伊提出的假說是，當任務被侷限於一段明確設定的時間，並在這段時間內完成，此時就心理上而言，等你做完之後，比較容易前進到下個工作。（對我們的探討目的很可惜的是，從電郵收件匣或即時通訊工具來回切換時，我們很少明確設定時間限制，也往往還沒有感覺完成又再度切換了。）

接著，李洛伊複製這些條件，只不過這次在完成第一項任務後，不是測量注意力殘留，而是讓實驗對象直接進行第二項模擬一般工作需求的任務：閱讀及評估應徵一項假想工作職缺的履歷表。實驗對象在這項任務的表現是以看了五分鐘履歷表之後還記得多少細節來評量。注意力殘留與第二項任務表現之間的關聯很清楚。產生高注意力殘留的三種情況，在履歷表評估任務的表現都差不多，且明顯比低注意力殘留的情況下更差。第一項任務留在腦海裡愈多，實驗對象便愈做不好下一項任務。

「每當你把注意力切換到其他任務，基本上就是在要求你的腦子搬動所有的認知資源，」我跟她請教這項研究時，李洛伊如此解釋。

「遺憾的是，我們並不擅長這麼做。」她將知識工作者現今的運作狀態稱為「分配性注意力」，大腦很少是結束當下任務才轉換到下一項，導致激發與抑制互相競爭，這種泥淖最終降低我們的表現。換句話說，李洛伊為她的論文題目找出一個明確的答案。為什麼做好我們的工作那麼困難？那是因為我們的大腦從來都不是為了維持並行運作的注意力而設計。

電子郵件不是工作

我的一位朋友是管理顧問，也是企管書籍迷（他在公司內部主持一個自我提升讀書小組）。很自然的，我們喜歡在聚會時聊工作習慣與生產力等職場話題。在我構思本書的初期，我們去走岩溪公園的一條登山步道，靠近他位於華府的住家，我說明我對電郵的顧慮以及我們如何可能做得更好。他難以置信，隨即列舉出頻繁使用電郵，對於他做為顧問團隊管理者的角色是利多於弊。他的反應似乎很具說服力，所以在登山後，我趕緊在筆記本寫下他的論點。

他的核心論調是通訊效率。他解釋說，電子郵件讓他可以「迅速協調不同團隊以推展進度」。他告訴我，團隊裡若是有人卡關了，他的一封短訊便可以讓團隊脫離窘境，所以長時間不檢視收件匣可能大幅降低團隊效率。他自認為是一名交響樂團指揮，協調大家的行動——而位在這團熱烈混亂的中心，是他認為自己最有價值之處。

許多人和我朋友有相同的看法。他們明白大幅減少干擾對一些工作或許有好處，但對他們的工作則不是。當他們看到本章稍早提到的研究時，或許會同意持續切換注意力降低了當下的認知能力，可是他們會接著說，這不成問題，因為對他們來說，回應他們的團隊或客戶比頭腦清晰更為重要。如同我朋友那天在岩溪公園對我說的：「不是每個人隨時都在做深度工作。」

最後這句話隱含的意思是，有一小群專業人士格外重視不受打擾的認真思考——作家、電腦程式工程師、科學家——可是對大多數職位來說，身處混亂中心是工作的主要部分。我們可以在保羅．葛拉漢（Paul Graham）時常被引用的二〇〇九年短文：〈創作者的時程，管理者的時程〉（Maker's Schedule, Manager's Schedule），找到這種分歧的經典範例。在文章中，葛拉漢指出，對管理者來說，開會是他們日常工作的主要部分，而對創作者來說，每次開會都像「一場災難」，因為這打斷他們持續處理一個困難問題的能力。無論他們有沒有讀過葛拉漢的文章，許多知識工作者，例如我的顧問朋友，早已在內心認定不受干擾的工作只有對少數職業來說才是重要的。

我認為這種劃分太過粗糙了。對許多不同的知識工作職位而言——如果不是**大多數**職位的話——慢下來、有順序地處理事情，給予每件工作不被干擾的注意力，是很關鍵的，即使他們的職位並不是固定需要數小時連續深度思考。反過來說，對大多數的職位而言，過動蜂巢思維工作流都會毀掉清楚認知，而讓你減少生產力。顯然，持續切換注意力對葛拉漢所說的創作者來說是不好的，可是如同我接下來要證明的，對管理者來說同樣也不好。

管理職位者強調密集通訊對他們工作的重要性，是有道理的，**以現況來說**。如果你的團隊目前運用過動蜂巢思維工作流，那麼密切注意你的通訊管道便至關重要。在蜂巢思維中，管理者時常處在一個權宜性的連絡網路的中心——如果他們沒跟上腳步，整具鏗鏘作響的老掉牙裝置便會戛然而止。但以我們所能工作的各種不同方式來看，這種過動式通訊真的是管理團隊、部門，甚或整個組織的**最佳**方式嗎？每當有人堅持回答「是的」，我不禁想起一位傳奇人物，他的領導風格打破了這種想法。

喬治．馬歇爾（George Marshall）是二戰時期美國陸軍參謀長，意思是他基本上統籌整場作戰。他的名氣或許沒有艾森豪響亮（馬歇爾欽點將他晉升），可是參與戰事的人士稱他是協調盟軍戰勝的關鍵人物之一——如果不是最關鍵人物的話。「數百萬美國人為祖國打仗，」杜魯門總統曾說，「〔可是〕陸軍五星上將馬歇爾讓祖國打勝仗。」一九四三年，馬歇爾被封為美國第一位五星上將的不久之前，便登上《時代》（*Time*）雜誌年度風雲人物。

我在這兒提到馬歇爾，因為我無意間讀到一九九〇年代初期一位陸軍中校所寫的一篇富有啟發性的個案研究，整理多種資料來源以說明馬歇爾**如何**組織戰爭部，並帶領美國走向勝利。在閱讀這些文章時，躍然紙上的重點是，雖然比起管理史上任何一名經理人，馬歇爾管理更多人員、更龐大的預算，面對更高的複雜性、急迫性與風險，他拒絕隨時待命的過動蜂巢思維工作方式的誘惑。

馬歇爾成為陸軍參謀長的時候，整個組織架構是有三十個主要指揮部及三百五十個次要指揮部受他管控，逾六十名軍官直接向他報告。馬歇爾認為這個體系是「官僚主義」及「繁文縟節」。他不可能在管理這種環境所形成的各種大小問題之餘還能打贏戰爭——他會被備忘錄與緊急來電淹沒。於是他採取行動。憑著「冷酷無情」的效率，馬歇爾利用羅斯福總統新近授予的戰時權力，大刀闊斧重組戰爭部。

眾多機構與指揮部被整合成三大部門，各由一名將軍管理。馬歇爾將超過三百人的人事、作戰、後勤軍官所組成的龐大幕僚，砍到只剩十二人。一些主要部門甚至被完全廢除。如同報告所說：

〔重組〕讓幕僚更少更有效率，文書作業被減到最少。此外，權限劃分明確。最後，馬歇爾不必再理會訓練與補給的細節。馬歇爾將責任下放他人，讓自己可以專注於戰略與海外主要作戰行動。

那些仍然可以直接聯繫馬歇爾的人，有一個明確的互動架構，把向將軍簡報轉變成為一項效率控制得宜的行動。你獲得許可後進入他的辦公室，不必敬禮就坐下（以節省時間）。馬歇爾示意後，你便開始簡報，他以「絕對專注」來聆聽。如果他發現什麼不對或遺漏了什麼，他會生氣你沒有注意及解決問題，就來浪費他的時間。等你結束簡報後，他會詢問你的建議，略加思考，然後做出決定。接著他會指派你去執行這項決定。

馬歇爾最驚人的習慣或許是他堅持每天下午五時三十分離開辦公室。在手機與電郵出現之前的時代，馬歇爾回家之後不會再加班到深夜。經歷先前職業生涯的精疲力竭之後，他感受到在晚上放鬆的重要性。「一個讓細枝末節把自己累垮的人，沒有能力管理戰爭的重要議題。」他如此說過。

馬歇爾把他擔任管理者的精力投注在足以影響戰爭結果的重大決策上。這項任務唯有他才能勝任。他接著依賴團隊去執行這些決策，而不必把他自己捲入細節之中。艾森豪曾回憶馬歇爾告訴過他：「〔戰爭部〕充斥能幹的人，他們擅長分析問題，可是總想把問題交給我做出最終決策。我必須擁有的是可以解決自己的問題，之後再告訴我他們做了些什麼的助手。」

很顯然，馬歇爾會駁斥「管理者更重要的是善於回應而不是深思熟慮」的說法。關於馬歇爾領導風格的報告強調，在好幾種場合中他是如何專心致志，尤其是要進行重大決策的時候，他會展現「驚人的思考速度，無比的分析能力」。該報告亦強調，馬歇爾在「深思熟慮」與「大方向規劃」所投入的注意力——企圖在全球戰爭所構成的複雜問題上永遠超前一步。

馬歇爾在工作上更有效率，因為他能夠專注在重要議題上，在每項議題投入完整的注意力，再進行下一個。如果他接受戰爭部的運作現況，有六十名軍官拉著他一起做決策，數百個指揮部等候他批准例行活動，可以想見他會陷入大多數管理者熟悉的瘋狂、忙碌旋風，而這必然會損及他的表現。更進一步說，假如一九四〇年代的戰爭部實行過動蜂巢思維工作流，美國或許會打敗仗。

我們現在花點時間來考慮，做為一名管理者，你是否會希望擁有權限去對你的團隊運作實行馬歇爾式改變，這是我在本書第二部探討的問題之一。（提示：在減少監督瑣事這方面，你或許擁有超乎你想像的空間。）我想要由馬歇爾的故事汲取的主要教訓是，管理不只是做出回應。實際上，如同本章稍早談到的，專注於回應將減損你做出明智決策及未雨綢繆的能力——而這是馬歇爾成功的核心——且在許多情況下，你在長遠目標上的管理將做得更差。短期內，讓你的團隊採取過動蜂巢思維工作流或許看似有彈性又方便，但長期來看，你推動重要事項的進度將會慢下來。

我們可以在二〇一九年《應用心理學期刊》（*The Journal of Applied Psychology*）發表的一篇學術論文〈困在你的收件匣〉（Boxed In by Your Inbox），找到支持這個論點的當代研究，它使用多項每日調查來研究電郵如何影響不同產業四十八名經理人的效率。論文作者之一概述他們的研究結果：「當經理人努力由電郵干擾之中抽身，他們未能達成目標，沒有善盡管理職責，他們的部屬自然無法獲得成功所需的領導行為。」隨著郵件數量增加，經理人愈可能依賴「策略性」行為以維持短期生產力的感覺——處理小事情和回覆詢問——卻迴避可以幫組織推動目標的大方向、馬歐爾式「領導」行為。報告結論指出：「我們的研究顯示，電郵需求所形成的陷阱或許遭到低估——除了影響領導人自己的行為以外，有效領導人行為的減少亦可能向下滲透，對不智的跟隨者造成負面影響。」

了解上述的深刻見解後，我們再回頭看我朋友登山時說的話：「不是每個人隨時都在深度工作。」請注意，這種說法適用於馬歐爾：除了搭乘長途飛機或火車，他很少一次坐著數小時思考單一事件的大方向。不過，他亦避免落入回應陷阱。他不會到處跑、忙著滅火，而是有系統地處理真正重要的議題，給予每件事應有的注意力，才進行下一件事。我接下來要談到，管理者不是唯一需要清晰思考的知識工作者。

讓我們把注意力從**管理者**轉移到**看守者**（minder），後者是我用來形容知識工作組織裡提供行政或後勤支援的眾多不同職位。比起管理者，看守者的職位似乎更明顯是工作內容以回應為主的案例。但真的是嗎？

為了使用我在專業世界裡熟悉的例子，我們以學術部門為教授提供協助的行政人員為例。這名人員可能在過動蜂巢思維工作流中運作，一整天緊急郵件雜亂地湧入。如果你訪問這個假想部門的教授們，他們可能會說這種工作流是一件好事，因為行政人員能夠快速回應是他們發揮作用的核心！

然而更仔細檢視後，便可看出聯絡工作上的事與實際執行工作之間的差異。事實上，這兩項活動經常互相衝突。有個早已浮現這種衝突的看守者職位是ＩＴ支援人員。一九八〇與九〇年代，桌上型電腦遍布所有辦公室，也為這些組織帶來新型態員工的需求：維修故障電腦的資訊科技專業人員。電腦系統變得複雜之後，大家愈來愈需要ＩＴ部門——遇到麻煩的使用者打電話及發電郵，提出緊急的新問題或查看先前提報的問題。左右為難的情況發生了：ＩＴ人員延後回覆這些電話與郵件的話，尋求支援的員工便會惱怒，但是他們全心回覆的話，就沒有不受干擾的時間去實際解決問題。

為了處理這個狀況，這些部門開始拼湊出客製軟體工具，稱為報修系統（ticketing systems）。以舊式的實體維修櫃台為範本，就像你把故障的機器送去維修後，會拿到一張維修單一樣，這些系統將提出、追蹤與解決ＩＴ問題的通訊工作轉為自動化。

這種「現代化維修櫃台」的報修系統運作方式如下。如果你有任何問題，你寄信到 helpdesk@company.com 之類的信箱。報修軟體追蹤這個信箱，看到你的詢問後，便為這個問題和你的聯絡方式指派一個獨特的號碼，再把這份數據當成報修單，提交給系統。而在同時，它會回覆你一封郵件，讓你知道問題已被受理，並指示你如何追蹤狀況。

在報修系統內部，問題被分類，且通常會指定一個優先順序——可能是自動產生，也可能需要追蹤新進問題的人員加以分類。如果你是使用這個系統的ＩＴ團隊成員，在你登入時，你只會收到符合自己專長的報修單，你可以挑選最緊急的任務來做。此時，你會專心執行這項任務直到完成，或者達到需要進一步協助的自然停止點。在這之後，你才會回到排序去選擇下一張報修單。有了進展之後，系統會自動寄出更新給原先報修的人，其他人員可以看到你的進度，在你卡關時插手協助。

報修系統成為一門大事業，因為它們向來被證明可以削減ＩＴ人事成本，使專心的技術人員可以更快速解決問題。這種系統亦提升滿意度，因為它們提供解決技術性問題流程的架構與透明度。這種高效率的前提是，關於報修工作的通訊會干擾執行，所以你愈快將這些通訊由人員的腦中卸除，他們實際完成工作的效率就愈高。

於是我們又回到那個行政人員的案例。雖然ＩＴ部門現在已十分了解通訊與執行之間的取捨，在其他看守者職位的領域仍然被忽視。因此，這名假想中的行政人員像個早期的ＩＴ專業人士，發現自己被大量郵件淹沒，害怕自己萬一中斷與心急如焚的教授的電郵往返，就會招來挫敗。隨之而來的過動蜂巢思維通訊，使他難以清楚思考那些他原本要幫教授們解決的微妙與複雜問題。

這裡有個更具體的例子：在撰寫本章第一份草稿的那個星期，我寄給系上行政人員一封郵件，討論我用研究補助金聘用的一名博士後研究員。這名博士後原本預計在暑假結束時到職，但因簽證問題，他要延後到一月才能到職。這封訊息寫起來簡單，含意卻很微妙，牽涉到人資、預算和辦公室空間分配，以及其他影響。擬定計畫以妥善因應到職日期改變，需要一些巧思，我不禁認為，這種巧思很難辦到，因為那位行政人員思考我的要求時，會被其他同樣意料之外的郵件打擾，在同一個早上紛紛要求著他的注意。

我們往往把看守者的角色想成是自動化的，以為他們每天都在機械化地完成任務，一項接一項，由收件匣及聊天管道一收到便處理。然而這種看法是帶著優越感地無視這項工作性質其實需要認知能力。解決我的博士後研究員到職日期問題，跟擬定一份漂亮的策略備忘錄和修改電腦程式同樣複雜。這種錯誤看法讓各個看守者捲入一股讓人無法專心的過動蜂巢思維工作流之中，儘管那些和他們交流的人當下覺得超方便，卻已降低看守者做好工作的能力。我們由 IT 報修系統的例子學習到，假如我們可以設法在通訊與執行之間製造一些空間，這些職位上的人會覺得他們眼前的任務比較容易處理。

這部分有關看守者的討論極為重要，因為這個專業職位是你所能想到距離葛拉漢所說的、花上整個下午專心解決一個艱難問題的創作者最遠的角色；然而即使看守者分成很多種、即使看守者扛著行政職責，最終過動蜂巢思維都一樣會構成問題。不過，為了完成對蜂巢思維及其效率的調查，我們得來個急轉回到先前的主題，詳盡探討持續性通訊入侵創造重要事物者的世界之後，實際造成何種風險。

我在出版二〇一六年的《Deep Work 深度工作力》一書之後發現，大家喜歡聽超級創作型的人躲到不受干擾的隱密處去創作傑出作品的故事。最受喜愛的故事之一是瑪雅．安傑盧（Maya Angelou）的寫作習慣。她在一九八三年一項訪談中揭露，當她寫作時，清晨五點半便起床，然後馬上躲到旅館房間，不受打擾地工作。「〔那是〕一個樸素的小房間，只有一張床，有時有一個臉盆，如果我找得到的話，」她說明。「我在房間裡備著一本字典，一本聖經，一疊卡片和一瓶雪莉酒。」在這隔離環境中安頓好了以後，她一直寫作到下午兩點，如果寫得很流暢，她就會持續寫到精疲力竭。寫好之後，她讀自己寫的東西，讓腦袋清醒，沖個澡，然後和她丈夫在晚餐前喝一杯。

當人們聽到瑪雅．安傑盧這樣的故事，很快便能接受不被打擾的專心有益於艱難的創作。可是我們一把這類型的努力轉換到辦公室場景，即使是最投入的生產力狂人也不會贊同帶著一瓶雪莉酒躲到髒兮兮的旅館，而專注與價值創造之間的連結，其重要性也逐漸消失。

舉例來說，不久之前，一名替矽谷某間新創公司撰寫技術白皮書的工程師跟我聯絡。這些報告寫起來很複雜，可是對於公司的行銷極為重要。那名工程師向我解釋，他很難執行自己的工作，因為這家新創公司全心接納過動蜂巢思維工作流。「如果你沒有馬上回應 Slack 的訊息，」他說，「你會被視為懶散，這很諷刺。」

受到我對這些議題所撰寫的文章啟發，這位工程師找公司執行長開了一次會。他簡潔說明注意力切換使認知表現降低的研究，並提出他擔憂持續的干擾妨害了他的工作。他明白，像安傑盧那樣完全隔離會造成問題，因為團隊裡的其他人時而需要跟他互動。他請教執行長他要如何盡可能為公司創造最多價值。「我一提出這個問題，」他告訴我，「事情已不言而喻，只為了比較好辦事而建議我把所有時間投入（在回覆狀態），將會很荒謬。」

他們達成協議，他每天有四小時——工作時數的一半——可以處在不受干擾的狀態，另外一半則投入過動蜂巢思維工作流。為了實現這個目標，他們設定每天早上兩小時、每天下午兩個小時，其他人聯絡不上這位工程師。執行長向該工程師的團隊說明這項新措施。「他們花了大約一星期去適應，之後就不成問題了。」他跟我說。結果，這名工程師的生產力大幅提升——負面影響則很少。真正令人意外的是，在這位工程師提出異議之前，沒有人曾經懷疑他們的工作方式是否真行得通。

本書前言提到的尼許．阿查亞的故事，是另一個公認專注思考對其職位很重要的例子，可是職場上的工作流讓他們幾乎不可能專心。直到阿查亞的電郵伺服器暫時掛掉，他才獲得可以用來構思團隊策略的「空格」。新聞記者也有類似的錯配問題。不久前，我和一位剛成立媒體公司的大牌記者聊天。他感嘆說，他「被迫」不斷檢查推特（Twitter）才能確保自己沒有遺漏突發新聞——這項行為妨礙了他寫作優質新聞報導的效率及能力。我指出，他的辦公室多得是年輕、嫻熟科技的實習生，盼望跨入新聞專業的門檻。「找個人監看推特，如果有重大事情發生了便通知你，是不是比較合理的做法？」我問說。他從來沒想過這點——他一直認為某種程度的分心是經營事業的代價。

大多數人接受過動蜂巢思維工作流會降低創作者生產力這個前提，可是這種工作流又確實很方便。由此可見，只要專心的益處被含糊帶過，這種取捨就彷彿達成了損益兩平，失去一點生產力，換來些許管理上的彈性。但只要我們明確提出創作者避開過度通訊所能獲得的好處，這種平衡取捨突然就大幅傾斜了。就像撰寫白皮書的工程師和阿查亞一樣，以創作者而言，避開蜂巢思維工作流的重點並不只是微調生產力習慣，而是大幅提升效率。在這些優點清楚浮現之後，便很難再單單用迅速回覆的便利性來合理化其損失。

跳脱蜂巢思維

本章一開始我提到西恩的故事，他的團隊為了應付過動蜂巢思維而不勝負荷。他懷疑大量通訊拖累了他們的生產力。我們如今已明白，他是對的——這種工作流與人類大腦互相牴觸，致使大多數知識工作更難以完成。然而和許多持有相同懷疑的人不一樣的是，他決定採取行動。

西恩告訴我，兩名專案負責人的突然離職撼動了他。「我被迫後退一步，思考我們究竟在做什麼，」他說。「思考這些通訊是否弊多於利？」西恩和公司共同創辦人決定實施一些急遽的改變。他們永久關閉公司的 Slack 伺服器，將電子郵件重新定位成只用來與外部單位協調的工具。我對這件事很好奇，有一次電話採訪時，我當場請西恩示範；我請他在談話當下打開電郵收件匣，再告訴我收到了哪些信件。他很樂意配合：收件匣裡有一封公司會計師的信，他們某些專案使用的虛擬主機公司寄來的問題追蹤信件，一些承包商的請款單，以及新專案合作的一名自由工作者的來信。沒有公司內部通訊，沒有需要緊急回覆的信件。西恩以前每天直到半夜一點都還在寄郵件。

現在，他自己表示，「在一般日子，我一天只查看電郵一次。」有些日子他甚至完全沒看信箱。

電郵與 Slack 在西恩的公司具有重要用途：他的團隊用來進行協調，以及用來與客戶互動。如果西恩取消這些工具，卻沒有其他替代方案，他的公司會垮掉。不過，根據本書稍後將提到的原則，他設定了一些替代方法，而且運作良好。

西恩將一天劃分為上午區塊及下午區塊。每個時間區塊都從團隊面對面會議開始，偶爾遠距工作者會利用視訊會議軟體加入，討論待會要做的事。「每個人報告三個重點：他們昨天做了什麼，今天要做什麼，他們遭遇了什麼問題或阻礙，」西恩告訴我，「會議最長十五分鐘。」接下來，每個人都去做這個連結時代極為罕見的事：單純地工作、連續數小時，不必檢查收件匣或追蹤聊天管道，直到那個時間區塊結束。

至於客戶方面，現在公司合約裡有一欄明確告知他們將如何跟客戶互動（並暗示不會使用的方式）。針對大部分客戶，他們固定打電話報告進度及回答問題，立即以書面文件記錄剛才討論的事項。西恩公司的共同創辦人負責管理客戶關係，他原本害怕客戶獲悉聯絡管道變少了會很生氣。他其實多慮了，客戶們很欣賞這種清楚分明、可預期的狀態。「他們絕對變得更開心了，」西恩說。

我想要分享西恩所達成的改變，因為根據我這些年來討論這個主題所了解到的，很多人會一直為過動蜂巢思維工作流辯護，即使其壞處的證據就在眼前。他們的駁斥係依據一種論調，即這種工作流是基本的。也就是說，他們坦承這些通訊可能拖累我們的大腦，可是他們無法想像有其他合理的方法來做好工作。西恩已經證明，一旦你明白你想避免掉哪些痛苦、想擴增哪些好處，另一種方法就會浮現。

第二部將深入討論替代方案的設計原則，不過，在我們談到跳脫蜂巢思維的世界之前，我們首先要面對反對這工作方式的另一個重要論點：我們不僅生產力減少了，還變得很悲慘——這個事實對個人福祉與組織穩定性形成嚴重後果。現在，我們將把（希望不致太過分散的）注意力轉向這個說法。

第二章

電子郵件把我們變得悲慘

無聲苦難的大流行

二〇一七年初，法國實施新勞動法，目的是維護所謂的「離線權」（right to disconnect）。根據法令，員工五十人以上的法國企業必須磋商下班後收發電郵的明確政策，目標是大幅減少員工們晚間或週末花在收發電郵的時間。勞動部長米莉雅姆．埃爾－庫姆里（Myriam El Khomri）表示，新法令是減輕員工過勞的必要措施。姑且不論你是否認為此類商業活動應受政府規範，首先，法國認為有必要通過這種法令，凸顯一個跨越國境的普遍問題：電子郵件把我們變得悲慘。

為了具體呈現這個說法，我們來看一些相關研究。在第一章曾提到的葛蘿莉亞．

馬克，在二〇一六年參與撰寫了一份報告。該研究團隊讓四十名知識工作者在十二個工作日配戴無線心率監測器，記錄他們的心率波動，這是衡量精神壓力的常用方法。他們同時監測工作者使用電腦的情況，俾以觀察收發電郵及壓力程度的關聯。這些法國人對於他們的研究發現並不感到訝異：「人們在一小時內花在電郵的時間愈長，那個小時的壓力就愈高。」

在二〇一九年進行的追蹤研究，馬克領導的團隊在每位實驗對象的電腦螢幕下方設置熱像儀，測量可以顯示出心理壓力的臉部溫度。他們發現，批次處理郵件——改善電郵體驗的常見「解決方案」——不盡然是萬靈丹。事實上，對於那些神經質人格特質分數較高的人來說，批次處理郵件反而讓他們壓力**更大**（或許是因為擔心錯過緊急訊息）。研究人員亦發現，在壓力下，人們回覆郵件的速度變快，可是品質未必更好——字詞分析程式「語文探索與字詞計算」（LIWC）顯示，這些焦慮的郵件更可能包含表達憤怒的字詞。「電郵的使用確實節省了人們通訊的時間與精力，」這份二〇一六年的報告結論指出，「卻也是有代價的。」他們有何建議？「（我們）建議組織應齊心努力以削減電郵的流量。」

其他研究人員亦發現電子郵件與不幸之間的類似關聯。另一份二〇一九年的研究，發表在《職業與環境衛生國際檔案》（*The International Archives of Occupational and Environmental Health*），探討近五千名瑞典工作者自行回報之健康狀況的長期趨勢。研究人員發現，重複曝露在「高資訊與通訊科技需求」之下（白話翻譯：需要一直保持連線）造成「低於理想」的健康結果。即便他們加入許多可能干擾因子來調整統計數據，包括年齡、性別、社會經濟地位、健康行為、身體質量指數（ＢＭＩ）、工作壓力與社會支持，趨勢仍維持不變。

評估電郵所造成傷害的另一個方法是看減少接觸之後有何結果。這也就是哈佛商學院教授萊絲莉．普羅（Leslie Perlow）與波士頓顧問公司的顧問進行的一項實驗。普羅提出**可預期休假**（predictable time off）的方法，團隊成員每週有設定好的時間，可以完全不理會電子郵件和電話（在同事的全力支持下），這些顧問變得快樂許多。在可預期休假實施之前，僅二七％的顧問報告他們早晨很高興要上班。減少通訊之後，這個比率躍升至五〇％以上。同樣地，顧問們的工作滿意度由不到五〇％增加到七〇％以上。和預期不同的是，溫和減少電子通訊並未讓顧問們覺得生降力降低；反而讓自我感覺「有效率」的百分比激增二十個百分點。萊絲莉・普羅二〇一二年根據這項研究所出版的書籍《與智慧型手機共枕（暫譯）》（*Sleeping with Your Smartphone*）之中提及，當普羅首次得到這些結果，她無法理解的是為何一開始會養成持續連線的文化。

當然，我們不需要資料來證明我們許多人都直覺感受到的事情。如同前一章提到的，我對一千五百多名讀者進行調查，試圖了解他們與電郵等工具的關係。我很訝異看到人們在描述對這項科技的感受時，使用強烈、情緒性的字眼：

- □「速度慢又**令人沮喪**……我時常覺得電郵不人性，浪費時間。」
- □「我**討厭**自己永遠都無法『離線』。」
- □「它造成**焦慮**。」
- □「我**疲憊不堪**——只是勉強跟上。」
- □「有了電子郵件，我在工作日變得更**孤立**……我不喜歡這樣。」
- □「忙到無以復加時，你會**憂愁不堪**。」

□「我有一股無法控制的衝動想要停止檢查電子郵件……它讓我變得很**低落**、**焦慮**和**沮喪**。」

我猜想，如果問人們對其他職場科技的看法，例如文字處理機或咖啡機，他們的用語可能會比較中立。數位通訊有其獨特的令人發狂之處。評論家約翰．佛里曼（John Freeman）簡潔地說明我們與電子郵件的關係，他指出，有了它，「我們變成任務取向、暴躁易怒、不願聆聽，因為我們努力追趕著電腦。」媒體理論家道格拉斯．拉許柯夫（Douglas Rushkoff）也是一針見血，他感嘆說：「我們搶著處理更多電郵……彷彿在電腦上有更多事要做是一件好事……以前我們是用機器工作，現在我們必須**變成**機器。」我們依賴電子郵件，但是我們也討厭它。

這種現實之所以重要，有其實際理由。若是員工們感覺悲慘，他們便表現得更差。他們也更可能像法國勞動部長警告的那樣精疲力竭，導致健保成本增加與所費不貲的員工流動。一個很好的例子是：普羅發現，遠離電郵的可預期休假讓計畫「長期」留任公司的員工比率，由四〇%升高到五八%。換句話說，悲慘的員工不利於公司財務盈虧。

然而，電郵讓我們不快樂的這個現實，還有個哲學性大於實際性的含意。麥肯錫（McKinsey）估算，全世界有逾二億三千萬名知識工作者，根據美國聯準會，其中包括超過三分之一的美國勞動力。如果這麼龐大的人口因為被迫投入電郵與即時通訊管道而變悲慘，加總起來便會成為全球性的悲慘！由功利主義觀點來看，這種等級的苦難不能予以忽視——尤其是假如我們有能力設法加以減緩的話。

前一章談到過動蜂巢思維對人類生產力的影響。本章則探討對人類心靈的影響。接下來，我的目標是要解釋**為何**這種工作流讓我們這麼不快樂。我將指出，這項現實並不是什麼意外的副作用、可以用聰明的信件篩選器或更好的公司常規加以解決；相反的，在許多基本方面，這種高度人工的工作流都牴觸了人腦自然運作的方式。

電子郵件擾亂我們古老的社交動力

本吉勒巴亞卡族（Mbendjele BaYaka）是散布在剛果共和國與中非共和國森林裡的

狩獵採集部落。他們居住在營地（langos），通常十人至六十人。每個營區的核心家族有自己的茅屋（fuma）。本吉勒巴亞卡族缺乏儲藏食物的技術，因此分享食物是攸關部落存續的關鍵行動。類似許多先前被研究過的狩獵採集部落，他們的合作度很高。

以科學角度來看，本吉勒巴亞卡族很值得關注，因為他們有助於我們了解狩獵採集部落的社會動能。這種動能仍與我們息息相關，因為人類歷史在新石器時代革命以前，都是活在這個生活型態中。因此，我們有希望藉由研究這些部落（以恰當的慎重方式），了解我們這個物種經由必須與他人互動的演化壓力而形成的本能。這麼一來，我們或許能夠更加了解現代電子郵件何以致使人類的古老大腦疲憊不堪。

在一項刊登於《自然科學報告》（*Nature Scientific Reports*）的二〇一六年研究，倫敦大學學院的一群研究者調查了位於剛果多基森林的利庫阿拉（Likouala）及桑加（Sangha）地區三個不同的本吉勒巴亞卡族營地。他們的目的是評估每個人的「關係財

富」（relational wealth），這個術語指的就是在部落裡的受歡迎程度。為此他們使用一種既定的方法，稱為蜂蜜條禮物遊戲，參與者分別拿到三根蜂蜜條——這是受到高度好評的食品——且被要求分贈給其他部落成員。藉由觀察每位參與者最後拿到多少蜂蜜條，研究者便能猜測他們在部落裡的相對社交地位。

他們發現這種關係財富分配的情況存在驚人差異，一些部落成員拿到的蜂蜜條比別人多出很多。更重要的是，這些差異與身體質量指數與女性生育力等因子有著極大關聯，在狩獵採集部落，這攸關你能否成功傳遞自己的基因給下一代。許多先前的研究已證實研究者所謂的「促進形成與維持社交關係的心理與生理增強機制」。這項調查有助於解釋這些機制最初是如何形成的：在舊石器時代的社會環境下，受歡迎才能提高你的血脈存續的機率。

接下來的合理問題是，你**如何**在狩獵採集部落受歡迎。本吉勒巴亞卡部落的一項後續研究，於二〇一七年刊載於同一份期刊，對於這個問題提供了一些深刻見解。在這項調查中，研究者說服巴亞卡營地的一百三十二名成年人，在頸部配戴一個小型無線感應器一星期的時間。這些裝置會記錄對象之間一對一的互動，每兩分鐘便發出短程訊號以記錄誰跟誰接觸。

研究者接著使用這些大量的互動紀錄，來製作所謂的「**社交圖譜**」（social graph）。其製作程序很直接。想像你把一大張白紙釘在牆壁上。每一位配戴感應器的調查對象各畫一個圓圈，均勻分布在紙張上。現在，根據紀錄裡的每一次互動，你在互動的兩人之間畫一條線。如果已經有一條線，你可以再加粗一些。把所有互動都畫完之後，你會得到一團像義大利麵條般的、粗細有別的線條，連接著紙上的圓圈。有些圓圈就像繁忙的運輸樞紐，向四面八方發射出粗線，其他的則只是零星連接；有些圓圈之間沒有什麼線條連接，有些則是密密麻麻。

在一般人看來，這些社交圖譜像是一團混亂。可是對網路科學（network science）這個新興學術領域的科學家來說，這些圖譜寫成數位位元、輸入電腦用演算法分析之後，可以讓他們深入分析所調查群體的社會動能。正因如此，二〇一七年研究報告的作者們才會費盡功夫，說服本吉勒巴亞卡族配戴無線感應器。

他們發現，藉由研究這些紀錄所產生的社交圖譜，他們可以準確預測參與這項研究的巴亞卡母親們的存活子女數目。她們與網絡的連結愈穩固，繁衍愈是成功。先前的研究顯示，在狩獵採集部落，受歡迎度影響到基因適應度——愈是受歡迎的部落成員獲得愈多食物與支援，讓他們更加健康，所以更可能生下健康的子女。這個新的研究則發現，一對一的對話紀錄能夠呈現出受歡迎程度：妥善管理直接互動的那些人繁盛生存，失敗的人則難以傳遞他們的基因。

一對一的對話對於本吉勒巴亞卡族**攸關存亡**。因此，我們可以在演化論的基礎上推測，我們先天上在處理社交時便有一種心理急迫性——如果你忽略跟身邊人們的互動，他們便會把比喻性的蜂蜜條送給別人。這只是小小的推測，因為這是我們早已心裡有數的事情。與他人互動的驅力是人類經驗中最強大的動力之一。甚至如同心理學家馬修．利伯曼（Matthew Lieberman）在其二〇一三年的著作《社交天性：人類行為的起點》（*Social: Why Our Brains Are Wired to Connect*）所說明的，我們大腦裡的社交網絡連結到疼痛系統，所以當我們親近的人死亡時會產生強烈的心痛感受，太久沒有人類互動時也會感到孤獨不安。「這些社會適應是我們成為地球上最成功物種的核心原因。」利伯曼寫道。

早在科學家探討人類社會性的基本架構之前，我們便已非常清楚我們迫切需要妥善管理互動。《摩西五經》（*Torah*）明文禁止說閒話：「不可在百姓中到處搬弄是非，不可陷害鄰舍的性命。我是耶和華。」聖經也認同一個團體的社交圖譜之間傳播資訊的潛在強大力量。莎士比亞亦指出，友誼是人類體驗的核心，他寫出理查二世著名的哀嘆：「和你們一樣，我也靠麵包生活，我也有欲望，懂得悲哀，**需要朋友**：既然如此，你們怎麼能對我說我是國王呢？」

這帶我們回到電子郵件。人類所演化出對於一對一互動的深度執著，和大多數的先天驅力一樣，一旦受阻便會形成壓力。如同我們受到食物吸引的同時伴隨著缺乏食物的痛苦飢餓感，我們的社交本能也伴隨著忽略互動時的焦慮不安。這和職場有很大關係，因為我們已證明，過動蜂巢思維工作流的不幸副作用便是讓你一直暴露在這種壓力之下。這種熱烈的專業合作模式所產生的訊息，快過你所能跟上的速度——你完成一項回覆，卻發現在這之間又來了三封信——晚上在家時、週末時、度假時，你都無法不意識到你缺席的期間，收件匣的未讀信件正不斷增加。可想而知，這種壓力在我的讀者調查結果很常見：

□「我一直感覺自己漏接了信件。」

□「在心理上，我無法不理會未讀信件，無論再怎麼不重要。」

□「我覺得事情愈積愈多，於是我開始感到壓力。」

□「我的信箱讓我疲憊不堪，因為我知道透過電子郵件**好好地**溝通需要花很大的功夫。」

此時，你或許會抗議，忽略電子郵件與忽略狩獵採集部落夥伴壓根兒不同。前者的最糟後果是你可能惹惱了會計部的鮑伯，而後者的最糟結果是你會活活餓死。事實上，你的公司或許甚至明文規定可容許的等候回信時間，亦即鮑伯大概根本不在意你晚些回信。當然，問題在於根深蒂固的人類驅力並不曉得要聽從理性。

若是你一餐沒吃，跟你咕嚕作響的腸胃說晚一點就會有食物，所以沒必要害怕餓死，也無法緩解強烈的飢餓感。同樣地，向你的大腦解釋說，忽略你超載的信箱裡的互動並不影響你的生存，也無法阻止伴隨而來的焦慮感。經由策略結盟以化解糧食短缺的數千年演化，人類根深蒂固的社交迴路覺得，忽略未回的電子郵件在心理上形同忽略一名部落成員，而他日後或許是你度過下一次乾旱的關鍵。從這個角度來看，塞爆的電郵信箱不止令人挫折，還是生死交關。

我們可以實際上在實驗室測試出古老社交動力勝過現代理性大腦的結論。一項工於心計的研究在二〇一五年刊登於《電腦媒介溝通期刊》（*The Journal of Computer-Mediated Communication*），研究者想出如何謹慎評估我們面對數位連結受阻時的心理壓力。實驗對象進入一個房間玩字謎。他們被告知，在實驗中，研究者想要測試一種無線血壓監測器。等實驗對象玩字謎玩了幾分鐘後，研究者回到房間跟實驗對象說，他們的手機對無線訊號形成「干擾」，因此他們必須把手機放到十二呎外的桌子上，仍在聽力範圍內，只是拿不到。等實驗對象又玩了幾分鐘的字謎，研究者偷偷打電話給實驗對象的手機。此時，實驗對象正在設法解開字謎，雖聽見房間另一端傳來手機鈴聲，卻不能去接手機，因為研究者事先警告過「無論任何理由」都不可以起身。

在這整段時間，無線監測器藉由測量血壓與心率來追蹤實驗對象的心理狀態，讓研究者得以觀察與手機分離的效應。其結果是可以預測的。在房內手機響起的期間，壓力與焦慮指標升高了。同樣地，自我報告的壓力上升、愉悅感下降。在無法接手機的時間，解字謎的表現也變差了。

理性上來說，實驗對象明白漏接一通電話不是什麼危機，因為人們總會漏接電話，當下他們顯然在做更重要的事。況且在很多案例，實驗對象的手機早已設定為「勿擾」模式，可是研究者把手機拿到房間另一端時偷偷關掉了。這意謂實驗對象原本就**計畫**在實驗進行中不接電話或訊息。但這種理性認知比不過內在演化壓力深深植入的念頭，即忽略可能的連繫**真的很不好**！實驗對象籠罩在焦慮之中，即使你問他們的話，他們的理智會承認實驗室裡沒有什麼事情值得擔心。

過動蜂巢思維必然會造成遺漏聯繫，這也會引發相同的舊石器時代警鈴——無論我們再怎麼努力說服自己，那些沒有回覆的溝通並不重要。其效應極為強烈，以致雅莉安娜·哈芬登（Arianna Huffington）的公司 Thrive Global 在探索如何解除員工休假時的焦慮（這種時候，訊息正在堆積的意識變得尤為敏銳）時，最後採取一種極端解決方案，稱為「從容」（Thrive Away）：如果你寄一封電子郵件給正在休假的同事，會收到一項通知，告知你的訊息已被自動刪除——你可以在同事回來上班時重寄一遍。

理論上，簡單的休假自動回覆系統便應足夠——它會跟寄信給你的人說，等你回去上班時才會回覆——可是邏輯在這種情況下處於劣勢。無論對方有何預期心理，意識到有訊息等著你回覆便會引發焦慮，毀掉休假的放鬆。唯一的方法是完全阻止信件進來。「關鍵不只是這項工具在你和電郵之間築起一道牆，」哈芬登解釋說。「而是你從回去後有堆積如山的郵件在等著你的焦慮之中被釋放了——那種壓力一開始便削減了離線的好處。」

Thrive Away 之類的工具或許可以暫時舒緩過動蜂巢思維的社交壓力，但是我們無法忽略一年大約五十週我們沒有在休假的時間。只要我們處於隨時、隨意通訊的工作流之下，我們的舊石器時代大腦便會保持在低度焦慮的狀態。

電郵通訊超級沒效率

肯亞姆帕拉研究中心的野生東非狒狒和大多數的狒狒種類一樣，高度社交地成群行動，即便牠們每日長途跋涉覓食也維持得相當穩定。對研究這些動物的科學家來說，一個重要問題是了解牠們如何就移動方向達成共識。想要解答這個問題很複雜，因為一支隊伍可能多達一百隻個體，要推論牠們如何達成行動決策，必須同時觀察大多數個體──這個領域的一位知名研究者形容這項挑戰是個「令人畏怯的層面」。

然而在不久之前，一支生物學家、人類學家和動物學家組成的國際團隊，在普林斯敦大學的雅莉安娜・史川柏格─皮斯金（Ariana Strandburg-Peshkin）的帶領下，決定克服這些障礙。他們的祕密武器是高解析度的訂製GPS（衛星定位系統）項圈，以每秒一次的速率精準記錄位置。該團隊設法讓這群狒狒當中將近八五%戴上項圈，詳細顯示這群動物一整天的位移。利用先進的資料採礦演算法和統計分析，研究者能夠獲知這些狒狒對移動方向的決策過程──結果發現，這項過程基本上是空間性的（spatial）。

準備移動時，這群狒狒小心觀看其他個體的行動，尋找是否有指標顯示任何**領頭者**開始離開群體往某個固定方向前進。牠們如何回應這些領頭者取決於牠們在空間裡的排列方式。如果兩隻領頭者之間的角度大於九十度，亦即牠們往完全不同方向離開群體，那麼剩下來的狒狒們會跟隨其中一隻，增強那股力量。另一方面，若是兩隻領頭者朝向相似的方向，剩下來的狒狒們會折中妥協，往中間的方向移動。如果同一時間有眾多領頭者在活動，剩下來的狒狒們很可能會留在原地，延緩決策過程，直到出現選項。一旦一隻領頭者吸引到足夠的跟隨者，整個群體便會跟隨。

為了把這些概念應用在電子郵件問題，我們把注意力由野生東非狒狒轉移到牠們的靈長類近親：人類。相對於研究狒狒們如何決定在肯亞森林裡的移動方向，我們改為設想一群知識工作者正在評估商業計畫的情境。由森林轉移到辦公室，我們亦將決策程序由實體世界的具體表現轉移到純粹的書寫，因為在過動蜂巢思維時代，這類決策大多透過電子傳訊展開。

然而，在我們頌讚現代方式更為優越之前，我們應該暫停一下，要記得書寫語言頂多只有五千年的歷史，以演化時間尺度而言微不足道。經過數億年的演化，古老的合作程序已滲入我們的神經迴路，我們靈長類表親的行為提示著這種程序仍然存在，我們預期由人類互動所能獲得的東西遠不同於只是經由電腦螢幕交換書面文字。我們先天的溝通方式，以及我們被迫用來溝通的現代科技，這之間的錯配造成人類嚴重的挫折感。

大約在研究者給狒狒群配戴GPS項圈的同時，一位名叫艾力克斯・潘特蘭（Alex Pentland）的麻省理工教授，給坐在該校一間會議室裡的一群企業高階主管配戴更為精密的感應器。這些感應器稱為「社交儀」（sociometer），大小如同撲克牌，配戴於頸部。裡頭有一個加速感測器可以追蹤參與者的動作，一個麥克風可供錄音，一組藍牙晶片可辨識周遭的人員，最後還有一個光學感測器，可偵測兩名參與者在互動時是否看著彼此臉部。

這些主管要每人對團體簡報一項事業計畫。他們的目標是共同選出最好的計畫。研究此類合作的一個標準方法是把所有談話抄寫下來，潘特蘭如此大費周章給參與者配戴先進感測器的理由是，他認為**語言**的資訊管道只捕捉到一小部分會議室互動。與口頭語言同時流動的還有一個無意識的社交管道，由肢體語言及音調的細微暗示所組成，能更豐富地描繪出會議室內是如何達成決策。這些「古老靈長類訊號機制」先前曾在猿類身上研究過，可是潘特蘭的社交儀是為了證明，這些機制在人類合作上仍扮演重要角色。

這個社交管道中有眾多訊號在運作。潘特蘭在其著作《誠實訊號》（*Honest Signals: How They Shape Our World*，暫譯）一書解釋，這類資訊大多是在無意識下處理，通常使用我們神經系統的低階迴路，因此在我們的感知經驗中被迴避掉。然而，其影響不容小覷。「這些社交訊號不只是幕後管道或是我們有意識語言的補強，」潘特蘭寫道。「它們形成另一個溝通網絡，強烈影響我們的行為。」

經由這個無意識網絡傳達的一類訊號，便是**影響力**。它所表述的是一個人能多大程度地讓別人配合他們的談話模式。這種資訊是由集中在頂蓋的皮質下構造處理，讓我們可以快速與準確了解會議室裡的權力動量。另一類訊號是**活動**，即一個人在對話時的身體動作。在座位上挪動、往前傾、說明性的手勢——這些主要經由自主神經系統（被稱為「極度古老的神經結構」）來調動的行為，可以準確無比地揭示一個人在互動時的真正意圖。

我們能確知這些訊號很重要，因為潘特蘭在他的研究中證實，利用社交儀來測量這些訊號，無須參考實際的交談語句，他便可以準確預測面對面情境的結果，例如約會、薪資談判和工作面試。回到麻省理工會議室的企業主管研究，潘特蘭後來把商業計畫的書面版本交給另外一群人，請每個成員自行決定哪一份計畫最好。他們選擇的結果與那群聽過口頭簡報的人很不相同。「〔群組裡的〕主管認為他們係依據理性指標來評估計畫，」潘特蘭說明，「〔可是〕他們大腦的另一部分卻在處理其他關鍵資訊，例如：這個人對他自己的計畫有多少信心？他們在發言時有多少信心？他們實施計畫的決心有多堅定？」只閱讀書面計畫的主管們並不明白自己遺漏了什麼。這兩群人評估的是相同的計畫，可是他們依據的是極不相同的資訊。

當我們於一九九〇年代及二〇〇〇年代初期轉向過動蜂巢思維工作流，我們以為不過是把會議室與電話裡的對談搬移到新的訊息媒介，互動內容大致上沒有改變。然而，潘特蘭等研究者強調，抽象書面溝通的優先順序被排在面對面溝通之前，其實是忽略了人類為了優化合作能力而演化出來的無比複雜、精密調整的社交迴路。因為擁抱電子郵件，我們無意間癱瘓了讓我們合作無間的系統。「備忘錄與電子郵件的運作方式就是不同於面對面溝通。」潘特蘭簡潔明瞭地指出。也難怪電子郵件總是帶給我們無法言喻的惱怒感。

我們時常高估收件者對我們訊息的了解能力，進而升高了這種惱怒感。史丹佛心理學博士生伊利莎白・牛頓（Elizabeth Newton），在她的一九九〇年博士論文公開一項如今已成為經典的實驗。她將實驗對象分成兩兩一組，對坐在桌前，接著請其中一人用指關節在桌面上敲出耳熟能詳的歌曲，另一人則要猜歌。敲打者猜測約五成聽歌者可以猜出來。實際上，僅不到三%成功猜對歌曲。

牛頓指出，敲打者在桌面敲打時，腦子裡聽到了歌曲的伴奏——歌聲、樂器——而難以觸及聽歌者的心理狀態，後者不知道那些資訊，只能跟凌亂的敲打聲孤軍奮鬥。社會心理學家稱這種效應為**自我中心**（egocentrism），紐約大學的賈斯汀・克魯格（Justin Kruger）領導的研究團隊在一篇相當具娛樂性的二〇〇五年報告中，證明這種心理對於解釋電子郵件為何讓我們抓狂有很重要的作用，並刊登於《性格與社會心理學期刊》（*The Journal of Personality and Social Psychology*）。

克魯格和他的共同研究者首先研究「諷刺」。在第一項實驗，他們給一組參與者一份主題列表。參與者被要求就每一個主題撰寫兩個句子：一句正常的，一句諷刺的。然後，他們把寫下的句子郵寄給另一組參與者，後者要識別哪一個句子是諷刺性的。「一如所料，參與者太有信心了。」報告上寫著。句子的撰寫者預測閱讀者基本上每一句都會猜對。事實上，將近二〇％的句子都沒被猜對。

在後續實驗，一半的句子撰寫者親自朗誦並錄音，另一半的人仍將句子郵寄出去。聽到錄音的句子之後，更容易判斷是不是諷刺性的，這或許不令人意外。**令人訝異的是**，句子撰寫者預測不會有差別：他們相信收件者可以同等輕易地判斷出書面與錄音的諷刺句子。

為了驗證**自我中心**是造成參與者過度自信的原因，研究者把焦點轉移到幽默。他們現在給每位寄件者一段幽默文章。他們特別引用幽默作者傑克．韓迪（Jack Handey）的「沉思」（*Deep Thoughts*）：在令人放鬆的背景，打上捲動字幕，由不帶情感的旁白讀出一小段荒謬劇風格的獨白。這些短片固定出現在一九九〇年代至二〇〇〇年代初期的電視節目《週六夜現場》（*Saturday Night Live*）。為了讓這項實驗更為具體（並且讓我有藉口引述我所看過最好笑的同儕互評研究報告段落），以下是研究者實際使用的「沉思」例子：

我覺得在我所有的叔父當中，我最喜歡穴居人叔叔。我們叫他穴居人叔叔，因為他住在洞穴裡，而且有時候他會把我們其中一人吃掉。後來我們才發現他是一隻熊。

為了測試自我中心，研究者隨機將寄件者分為兩組。第一組的每位參與者只拿到一篇「沉思」，再用電子郵件寄送出去。第二組的人則是看到《週六夜現場》播放的短片，搭配平靜祥和的音樂、毫無情感的旁白，以及觀眾的爆笑聲。看完短片後，這組人同樣也只能發送文字出去。在這兩組，寄件者都被問到他們覺得這段文字好不好笑，以及預測收件者會不會覺得好笑。

「影片組的參與者認為〈沉思〉好笑的程度，高過控制組參與者認為的程度，」該篇報告表示，「參與者預測收件者評估笑話的結果也是相同。」看過影片的參與者把笑話文字輸入電郵時，腦海中伴隨更豐富的內容。就像牛頓的歌曲敲打者在自己腦海中聽到歌曲一樣，在評估他們寄出的郵件是否會被了解時，影片組無法擺脫逗趣的畫面與大笑的觀眾。寄件者想要傳達的主觀體驗愈是豐富，他們與收件者之間的認知差距便愈大——由此證明自我中心是過度自信的核心。

這項研究報告的結論是，電子郵件普遍遭到誤解是因為「跨越個人對某項刺激的主觀體驗、去想像不具有相同視角的他人如何評估這項刺激，有其先天上的困難」。雪上加霜的是，研究者發現，收到這些意味不明文字的人跟寄件者一樣過度自信。他們相信自己正確解讀出諷刺或幽默，即使他們根本沒有。最後這項觀察尤其扭轉了我們對電郵所產生誤會的理解。我們不僅不像自己想像的那般清楚表達，我們甚至時常完全被誤解。你**確信**自己發出一封友善的提醒，而你的收件者同樣**確信**你傳達一項尖銳的批評。當你依據這種意味不明又被誤解的溝通來建立整個工作流——這種工作流摒棄各項豐富、非語言的社交工具，而潘特蘭等研究者證實它們是人類成功互動的基礎——你就不必訝異工作電子郵件正把我們變悲慘。

無論如何，我們不需要研究報告來強調我們許多人早已每日體會的一件事。在她的著作《重新與人對話》（*Reclaiming Conversation*）中，麻省理工學院社會科學家雪莉．特克（Sherry Turkle）整理出職場將互動轉移到書面文字時所造成的問題個案。其中一項個案研究是一位名叫維克多的科技主管所面臨的考驗，他在一家大型金融服務公司管理一支團隊。「當太多事情經由電子郵件處理時，通常就會發生麻煩。」維克多向特克表示。他必須不斷說服他的團隊，和客戶之間發生問題時，他們必須跟客戶本人談話。「他們不會自己想到這點，」他解釋，「我經常遇到有人想要寄出二十九封郵件去解決一個問題。」他的解決方案單純多了：「去跟他們本人講話。」維克多指出，年輕的同事將電子通訊視為「世界通用語言」，提供更有效率的互動方式。維克多逐漸認為他的角色是說服同事此乃大錯特錯：他一直試圖解釋，電子郵件並不是互動的通用格式，相反地，它是穿越人類大部分歷史的複雜、微妙溝通行為種類的劣質模仿。我們都已逐漸感受到這種錯配的後果。

電子郵件產生更多工作

二〇一二年，馬克領導的研究團隊發表了一份我最喜愛的電郵衝擊研究報告。他們的實驗既簡單又聰明：他們在一家大型科學研究公司挑選了十三位員工，請他們在五個工作日內不要使用電子郵件。研究者並沒有在實驗前先行設定詳細的應變計畫或替代的工作流：他們只是關閉實驗對象的電子信箱，然後靜觀其變。

雖然這項研究包括許多有趣的結果，我想要強調的一項觀察不是那篇已發表的報告所寫的，而是最近和馬克聊天時我才注意到的。她向我說明，其中一位實驗對象是位研究科學家，每天需要花大約兩小時為一項實驗設置一個實驗室。他表示他經常感到挫敗，因為他的主管習慣在這段準備時間寄電子郵件給他，問他問題或指派工作。那位科學家只得停下手邊的事情來回應主管的需求——嚴重拖延實驗室的準備工作。馬克記得這名科學家的遭遇，是因為在不使用電郵的那五天，他的主管不會在他準備實驗室的時候來煩他。這項觀察值得一提的地方是，那名主管的辦公室就在走道上**兩扇門**之外。他的主管連走幾步路過來探個頭都不願意，所以也沒有指示更多工作給那位科學家。「他開心極了。」馬克回憶道。

這名挫折的科學家與他令人分心的主管的小插曲，凸顯出一個我們時常忽略的電子郵件重要代價。就時間與社會資本而言，電郵之類的工具幾乎完全消除詢問問題或指派工作的麻煩。客觀來看，這似乎是一件好事：減少麻煩等於提高效率。然而，我將說明，這項轉變的副作用是知識工作者開始問更多問題及指派更多工作，導致一種永遠負荷過重的狀態，把我們逼向絕望。

檢視我們工作負荷改變的一個方法是，查看我們用以追蹤工作負荷的系統。生產力大師大衛・艾倫（David Allen）在他二〇〇一年的經典暢銷書《搞定！》（*Getting Things Done*）寫道，時間管理方法的重大改變界定了電子郵件普及的時期。直到一九八〇年代，「井然有序的基本」包括隨身攜帶一本口袋型行事曆，以及寫下每日待辦事項清單，幫你整理出在約定事項之間如何使用時間。格外有組織的工作者會使用優先順序計畫，例如艾倫・拉凱恩（Alan Lakein）的ABC方法（ABC Method），或者史蒂芬・柯維（Stephen Covey）的四象限（Four Quadrants），來協助決定當天要完成的重要工作的順序。

「傳統的時間管理和個人組織方法在那個時代很實用。」艾倫表示。但是進入一九九〇年代之後，用一張待辦事項短箋來填滿你的一天，就成了一個很古怪的主意。「愈來愈多人的工作被一天數十封甚或數百封電子郵件填滿，而且不能忽視任何一項詢問、申訴或指令，」艾倫寫道，「沒有幾個人可以……維持什麼預先決定的待辦事項清單……他們的老闆一干擾便可能**全盤推翻**。」

艾倫在時間管理界出名之際，正是過動蜂巢思維逐漸充斥世間的時候。他的書賣出一百五十萬本，很大的原因在於他是率先認真看待這種新工作流增加了我們多少**工作量**的企管大師之一。他對喘不過氣來的讀者說，他們必須把所有的職責投入到一個「可信賴的系統」，加以組織整理——作為狂熱工作方式的基礎；在這種工作方式，你要設法趕在新的工作進來之前做完手邊的事情。

想要搞定一切的菜鳥往往被自己待辦事項清單的長度給嚇到。艾倫回憶在他擔任顧問工作時，他很快便發現他需要兩個不受干擾的全天，來幫助企業主管整理及釐清他們應該要做的每件事。單是把他們負責的工作條列出來的程序就往往耗費「六小時以上」。「有生產力的」企業主管翻閱行事曆、精心寫下六件他想要完成事項的時代已然結束了。在現代世界，知識工作者覺得被多項職責團團包圍了。

相關研究文獻亦有助於闡明這種超載感。在二〇〇四年調查注意力分散的最初研究，維克．岡薩雷茲與葛蘿莉亞．馬克將他們觀察的員工所進行的活動劃分為不同的**工作領域**，分別代表不同項目或目標。他們發現，平均而言，實驗對象每天涉入十個不同領域，每個領域花不到十二分鐘便切換到另一個。二〇〇五年的後續研究發現，員工平均每日接觸十一到十二個不同工作領域。這些員工每天涉足大量不同領域，加上每個領域皆有許多更小的事情和數十封電子郵件需要解決，這就描繪出現代知識工作的苦惱景象。「晚上，我時常恐慌得睡不著，想到我必須要做或沒有做完的事情，」新聞記者布麗姬．舒爾特（Brigid Schulte）二〇一四年在她為這種勞碌病撰寫的書籍《不勝負荷》（*Overwhelmed*，暫譯）中寫道，「我擔心我到面對死亡之際才會發現，我的人生浪費在這種瘋狂的每日瑣事當中。」

這讓我們回到我的主旨，即我們可以怪罪電子郵件，或者準確來說，怪罪它所促成的過動蜂巢思維工作流使我們變得工作超載。這種說法的證據之一是時間點。勞碌病似乎出現於一九八〇年代末到二〇〇〇年初之間，恰好是電子郵件在職場蔓延的時期。另一項證據來自於專家本人。艾倫與馬克，還有其他相關評論者，明確指出電子郵件與我們這種瘋狂忙碌之間的連結。

我們還能找到一種理應可信的機制，來解釋電子郵件何以可能增加了我們的工作量。我在這個段落開頭說了那名沮喪科學家抵擋老闆要求的故事。在那位科學家暫時停用電子郵件的期間，他的主管不再提出額外的要求，即使他的辦公室和那位科學家的實驗室只距離兩道門。只是增添小量的**摩擦**，便大幅減少那位科學家面對的要求。對許多知識工作者來說，這個故事或許有道理——假如你必須走過通道去打擾別人工作，你還會像平常日子寄出電子郵件那樣不斷發問去占用別人的時間與注意力嗎？

這種效應暗示著，我們在職場用以分配認知資源的這套系統埋藏著不合理之處。如果略為增加摩擦便能大幅減少占用你的時間與注意力的要求，那麼，大部分的這些要求一開始對整個組織運作而言便無足輕重；相反地，它們是數位通訊工具造成的低阻力所產生的副作用。消除摩擦反而造成問題，或許聽起來很怪異，因為我們習慣認為效率愈高便可產生更高效用，但對像我這樣的工程師來說，這種概念是很平常的。摩擦太少可能形成失控的回饋迴路，比如麥克風太靠近揚聲器，持續的自我增幅便會爆發成為震耳欲聾的尖嘯聲。

現代知識工作的工作負荷正發出類似的麥克風尖嘯聲。要求某人去做某件事的摩擦消除之後，這些要求的數量便急劇失控了。我瘋狂想要獲得他人的時間與注意力，以補償他們從我身上獲取的時間與注意力。很快地每個人都和舒爾特一樣晚上失眠，淹沒在「瘋狂的每日瑣事當中」。

如果我們在這個系統重新引進一些摩擦（例如馬克的禁用電郵實驗所採取的），這些「瑣事」會怎麼樣呢？我猜許多所謂的緊急事項都會消失不見：當我必須去打擾你正在做的事情、面對你臉上不悅的表情，才能問你問題，那個我在 Slack 迅速發送的重要問題瞬間變得不那麼重要了。我或許就不理它了，或許自己去處理。許多其他事情或許也會整合成較為合理的分量。以往用數十封訊息展開討論的事項，或許會成為在固定會議上的一段完整討論。這在當下會有些惱人，因為你必須把需要協助的事項記錄下來，留待下次會議提出，可是大家都不會那麼分心了。

摩擦亦能激發出更有智慧的程序。想像一下，我經常需要你簽署某種申請單。使用電郵之類的低摩擦溝通工具，我可能一有需要就寄申請單給你簽署，因為這是最不費力便可完成我分內工作的方式。但是，沒有電郵的話，每次都要跑去找你簽名的麻煩會促使我開發出更好的系統，例如我在週五早上把這些表格放到你的信箱，而你保證在週一早上之前簽好表格再擲回給我。這套系統對你比較好，因為你不必為了隨時冒出來的要求而花費你的時間與注意力。可是在不費成本便可發送電子表格的環境下，這套系統不大可能出現。

總結來說，我們時常高估我們工作量的合理性質。如果我們接到一項工作，我們總相信那是因為它是工作的重要一環。可是如同我剛才所說，組成我們每日工作的種類與數量都可能受到不合理因素的強烈影響，例如占用他人時間與注意力的相對成本。當我們把通訊變成免費時，我們無意間觸發相對工作量的大幅增加。這些新增的工作量不是必要的，而是意外的副作用——壓力與焦慮的來源，假如我們願意脫離過動蜂巢思維工作流的瘋狂來回通訊，便可以將它削弱。

釐清悲慘機制

大多數知識工作者直覺地感受到爆滿的電子信箱散發出不幸的氛圍。這件事之所以沒有引發反感，是因為人們時常認為這是無可避免——是超連結、高科技時代的工作所不可或缺的。如同《麻省理工史隆管理評論》（*MIT Sloan Management Review*）二〇一八年刊載的一篇文章所解釋：「『讓大家保持忙碌』的理論……在知識工作一直很盛行。」（那篇文章指出，相較之下，製造業在一九八〇年代早已明白，忙個不停並不是做事情的最佳方法。）

在這一章，我試著反駁這種以偏概全的宿命論，列舉出過動蜂巢思維工作流讓我們不快樂的三個具體層面：信箱被塞滿的速度高於我們能夠清理的速度、並造成我們的心理焦慮；純文字的溝通超級沒有效率；辦公室互動不再有摩擦之後，導致失控的工作負荷。當我們個別指出這些不安的源頭，它們便不再看似無可避免；相反地，它們是我們工作方法與大腦自然運作之間的不幸、意外衝突。解決方案不是聳聳肩就算了，而是要追求顯而易見的解法：把過動蜂巢思維替換成其他同樣可以做好事情的工作流，但是避免掉最糟糕的、引發不幸的副作用。沒有電子郵件的世界，如同我們將在第二部探討的，將是一個更快樂的世界。不過，我們還得完成最後一個環節，才能開始討論哪種方式比較好。在下一章，亦即第一部最後一章，我們所要進行的挑戰是試著去了解，我們當初何以將這麼缺乏生產力、又引發不幸的方法運用到工作上。

第三章

電子郵件有自我意識

電子郵件的興起

為什麼電子郵件變得這麼流行？我們可以在一個難以想像的地方找到線索：中情局（CIA）維吉尼亞州蘭利市舊總部的牆壁後面。在那裡，你會找到超過三十哩長的四吋鋼管，是一九六〇年代初期裝設、精心設計的公司內部郵件真空動力系統的一部分。訊息被封在玻璃纖維容器裡，以每秒三十呎的高速，穿梭在八層樓大約一百五十個收發站之間。寄件者調整郵件筒底部的銅環便可設定收件的地方；鋼管內的電動機械裝置會讀取其設定，並規劃出路線。在繁忙的巔峰期，這套系統每日寄送七千五百份訊息。

根據中情局收藏的口述歷史，一九八〇年代後期擴建總部時，這套蒸汽龐克（steampunk）郵件系統關閉，員工們都感到不捨。有的人懷念郵件筒抵達收發站時療癒的**咚咚**聲；其他人則擔心辦公室內部通訊將慢到令人受不了，或是送件人員必須徒步送件會累死。中情局檔案室收藏著一張照片，拍的是一枚胸章，上頭寫著「搶救郵管」。

為什麼ＣＩＡ要投資龐大資源去建造及維護如此笨重的系統？二十世紀中葉時，更為普遍與低價的辦公室通訊方式早已成為標準。例如，中情局總部興建時，內部電話交換機早已存在數十年了。我可以輕鬆地用桌上分機直接打電話給你時，還有必要利用氣壓管路系統寄給你一封公文嗎？

但是，電話不是萬靈丹。電話是通訊專家所稱的**同步通訊**（synchronous messaging），需要所有互動對象同時參與。如果我撥打你的分機而你不在辦公桌，或者分機忙線中，那就無法完成互動。在小型機構，你可以找到你要打電話的人，但由十九世紀進入二十世紀後，設在工廠後面的帳房與主管小辦公室消失，變成巨大的建築，像是可以容納數千名白領員工的中情局總部。在這種規模，安排同步通訊的日常支出變得相當繁重，並導致祕書電話來回提醒的耐力遊戲，及未接電話留言的紙條堆積如山。

另外一種避免費用問題的互動形式是**非同步通訊**（asynchronous messaging），即發送訊息時不需要收件者在場。辦公室內部郵件推車是這種通訊方式的典型案例。如果我要發給你一封訊息，我就在方便的時候放到我的送件盤，等送到你的收件盤之後，你就可以在你方便的時候取閱——我們之間完全不需要協調。當然，郵件推車的問題是速度很慢。我的訊息或許要花上大半天才會由我的送件匣抵達收發室，再分到你的樓層推車，最後終於由人工放到你桌上。這對傳達靜態訊息或許無妨，但對高效協調合作或分享具時效的新聞來說，顯然是不切實際的方法。

大型辦公室興起後所真正需要的——某種生產力的銀子彈——是設法結合同步通訊的**速度**與非同步通訊的**低費用**。話又說回到中情局，這正是他們想利用空壓管系統達成的。他們的電機管道、真空推進郵件筒就等同於噴射郵件推車：如今我可以在數分鐘內非同步寄給你一封訊息，而不是數小時。因此，不難想像中情局員工在一九八〇年代總部擴建時因看到這套系統被關閉而感到惋惜。不過他們的遺憾並沒有持續太久，因為這個時期出現了一種更新、更便宜、甚至更快速的非同步通訊方法：電子郵件。

大多數機構缺乏資源去建造類似於中情局郵管的系統，因此對他們來說，電郵的出現讓他們首度可以享受到高速非同步傳訊。我們現在對於這項工具太過熟悉，視它為理所當然，可是在一九八〇和九〇年代電郵逐漸普及之際，它造成的衝擊可謂十分巨大。

我們可以在這個時期的《紐約時報》檔案找到電郵快速崛起的真實寫照。該報最早在商業版面提到這項技術的其中一回，是一九八七年的一篇報導，通篇文章提到**電子郵件**（e-mail）這個用語時都用引號框起來。「雖然『電子郵件』未如其倡議者所預測地迅速普及，」報導表示，「它已建立起一個利基市場，並且在企業界有著少量但正在增加中的追隨者。」如同該篇報導所述，這時候的專業電郵仍需要一個特別的應用程式，撥號到伺服器以建立連線，讓你可以收發訊息，然後離線。如果你之後需要參考一封訊息裡頭的資訊，便需要繁瑣的程式把它儲存到硬碟。就早期時這項技術的複雜性，該篇報導謹慎看待其重要性是可以理解的。但情況很快就改變了。

僅僅兩年後，另一篇具啟發性的文章見刊，這回不再用引號把電子郵件這個名詞框起來了。這篇報導描述娛樂產業接納了這項技術。我們讀到，在一九八九年，威廉莫里斯經紀公司（William Morris Agency）擁有勢力強大的電影部門，其共同主管麥可・辛普森（Mike Simpson），使用史蒂夫・賈伯斯（Steve Jobs）離開蘋果以後創設的NeXT公司所提供的早期電腦網路科技，來連結該部門位於比佛利山莊與紐約辦公室的三百部電腦。「我們這個行業的基石在於，你愈快取得資訊，便能愈快使用它，」辛普森表示。「電子郵件已讓我們取得一項優勢。」

這篇報導還提及初期便欣賞電郵潛力的其他人士。「它的資訊快速，能取代打電話，不但環保，也讓更多人能在同一時間得知事情。」一名經紀人表示。他話鋒一轉，談到當他獲悉競爭對手創新藝人經紀公司（Creative Artists Agency）還在用送件人員傳遞紙本文件時，他「嚇壞了」。他堅持新同事要採用電郵。我們還讀到，在迪士尼公司，董事長傑佛瑞．卡森柏格（Jeffrey Katzenberg）設立了一個私人電郵網絡，以連結二十名高階主管。「我們不得不愛電郵，因為傑佛瑞愛它，」迪士尼負責劇情長片宣傳的副總裁如此解釋，之後更補充說明：「你是用電腦通訊，而不是電話。」

電子郵件在一九九二年還相當新穎，不是每個人都了解其潛力。「電郵很有趣，但只是玩具。」哥倫比亞影業公司一名故事分析師表示，他現在或許很希望能收回這句話。他補充說道：「電郵鼓動人們聊天，說些沒必要說的事。」這篇報導還指出，那個時候，大多數影業公司仍舊依賴一種叫做Amtel的早期通訊裝置，這個機器有狹長的螢幕和鍵盤，可用來發送簡訊。（Amtel在好萊塢的普遍用途是讓助理通知高階主管電話線上有誰在等候，而不打斷他們的閉門會議。）

在一九八九年的一篇報導，權威科技作家約翰．馬可夫（John Markoff）對於加速電郵成長的動能提出更多分析。「在一九八〇年代個人電腦興起之際，一直輸給傳真機而位居第二的電子郵件，」他寫道，「終於展露出它的價值。」馬可夫的報導說明，一九八〇年代後期，電郵大多用來連結同一家公司裡的員工。一九八九年，因為航空工業協會（由五十家航太公司組成，員工總數逾六十萬）施壓，主要的電郵網絡提供商「不情願地」同意將彼此的網絡互相連結，依據初期的電子郵件協定X.400，使用者首度可以跨網絡溝通。

馬可夫以先見之明指出，等到電郵全球化之後，將會消滅傳真機，進而迅速擴散。他不是唯一看到這種前景的人。在文章裡，馬可夫引述史蒂夫・賈伯斯（文中稱為史蒂芬・P・賈伯斯）日後證實為準確的預測：「在一九九〇年代，個人運算將改變個人通訊，其影響層面將猶如一九八〇年代試算表改變了商業分析與桌上型出版系統。」

馬可夫的長篇文章所列舉的個案研究，描繪出一項技術正在崛起的景象。「我們發現，電子郵件驟然改進了我們通訊的方式，」一名醫院主管解釋，「它在我們組織裡興起並全面滲透。」馬可夫後來指出：「在整個美國大大小小的辦公室中，〔電郵〕被視為比電話更有效率的通訊方法而被緊抓不放。」

及至一九九二年，《紐約時報》報導，電郵已成為每年一億三千萬美元營收的事業，預估到九〇年代中期便可達到五億美元，許多大型軟體公司，包括IBM和微軟（Microsoft），都已準備跨入這個市場。兩年後，電郵的主導地位已不再受到質疑。

「自從十年前 Lotus 1-2-3 試算表被譽為第一項殺手級應用程式（killer app）以來……人們一直在問『下一個殺手級應用程式會是什麼？』」彼得．路易士（Peter Lewis）在一九九四年的一篇報導表示。「在我認為，毫無疑問，電子郵件是一九九〇年代的殺手級應用程式。」

如同這些報導所描寫的，電子郵件在商業界擴張的速度很驚人。一九八七年時，它不過是一項只對「利基市場」有用的笨重工具。等到一九九四年，它已然成為那個十年的「殺手級應用程式」，並奠定五億美元軟體產業的基礎。這是你在商業科技應用史上所能找到最接近一夕轉變的案例了。

我們對於這項工具如此快速的普及不必感到訝異。如同我所論證的，它解決了一個真正的問題——高速非同步通訊的需求——而且成本低廉，又容易上手。不過，我們必須記得，電子郵件原本並非要成為我們必須一直使用的工具。我們可以想像另一種情況，即電子郵件簡化了以往語音留言及便條紙進行的既有通訊，可是辦公室工作仍舊保持一九八〇年代中期以來的樣子。換句話說，你可以享受到電子郵件的實際好處，而不必接受過動蜂巢思維工作流。那麼，為什麼即使如前述章節所說，我們變得更沒有生產力、更加悲慘，這種瘋狂行為仍在電子郵件降臨以後變得無所不在呢？當你仔細審視這個問題，你會看到許多微妙、有趣的回答，千篇一律指向一個驚人的結論：或許我們今日的工作方式，遠比我們所理解的更加像是隨機產生。

科技想要什麼？

亞德里恩・史東（Adrian Stone）一九八〇年代初自大學畢業後，第一份工作是到紐約州阿蒙克的IBM公司總部上班。當時，IBM的內部通訊主要依賴手寫便條。史東在二〇一四年寫的一篇文章回憶道，如果你想跟誰講話，你可以打電話，但因為總是找不到人，所以大家都是走到對方的辦公間，留給他們一張紙條。「等他們看到小紙條後，他們可能找不到留言的人，於是又重來一遍，」史東寫著，「這個找人遊戲可能持續好幾天。」

這提醒了我們，在電郵出現之前的世界並不是什麼人類墮落前的天堂。這段時期，大機構的通訊真的很辛苦，而電郵的登場提供了一個簡單的解決方案。因此，

ＩＢＭ於一九八〇年代開始建立營運網絡時，很快便部署了內部電郵服務，這點並不令人意外。史東進公司後的第一項任務就是協助這些作業，調查阿蒙克總部內的ＩＢＭ員工目前靠著語音留言、備忘錄、手寫便條等等工具來通訊的分量。他們假設這些通訊大部分將轉移到電子郵件，想要準備夠大的主機來處理負載。（史東向我解釋，這些機器在當時十分昂貴——「我們講的是動輒百萬美元計的價格」——因此，明確調查你實際需要多少處理能力是很重要的。）

史東很快便估算出可以輕易處理辦公室既有類比通訊量的伺服器。這套系統完成設定及部署，啟用之後，大受員工們歡迎；結果，太受歡迎了。不到幾天，伺候器便因超載而「爆了」。史東告訴我，流量比他們估計的**多出**五到六倍，意思是在ＩＢＭ引進電子郵件之後，內部通訊量隨即爆炸性成長。

仔細檢視後，他們發現人們不僅比電郵出現之前寄送更多訊息，他們亦開始把這些訊息寄給更多副本收件者。「有電郵之前，單純的通訊大多是個人對個人。」史東告訴我。有了電郵之後，這些相同的對話如今在冗長的信件往返之間展開，並且包含了許多不同的人。「就是這樣，僅僅一週時間，電子郵件的潛在生產力提升便由盛而衰了。」他開玩笑說。

這個故事的重要性在於，它點出時常遭到忽略的人與科技之間的動能。我們總以為自己理性使用工具去解決特定問題。可是，ＩＢＭ伺服器當機的個案使得上述故事主軸變得複雜了。並沒有一群ＩＢＭ的經理人決定說，大幅增加內部通訊便可提升生產力，而突然間被困在這股信件洪流裡的人們也不開心。亞德里恩・史東回想當初，這套系統的宗旨單純是把辦公室既有的通訊搬到更有效率的媒介，亦即讓人們原本在做的事情變得更輕鬆。所以說，到底是誰決定大家要開始比平時多出五到六倍的互動？一些密切研究這個問題的人指出，其答案很激進：是科技本身決定的。

假如你跟一名科技史學者討論，你可能會發覺一個看似不太可能有趣的主題很迷人：加洛林帝國（Carolingian Empire）前期興起的中古封建制度。歷史學家追蹤這種政府制度，認為源起於查理・馬特（Charles Martel），查里曼大帝的祖父。公元八世紀，馬特徵收教會土地、重新分配給他的封臣，從而開啟了封建主義。

為什麼馬特會開始掠奪教會土地？德國歷史學家海因里希·布倫納（Heinrich Brunner）在一八八七年發表的一篇權威性文章中，回答了這個問題。他認為，把土地分給忠心的子民，才能讓馬特供養軍隊裡的騎兵。在往後的歷史歲月，統治者只要向人民課稅，再把稅金用來做為軍費即可，但在中世紀前期，土地是主要的資本來源。如果你希望有人做為你軍隊的騎兵，他們就必須有土地才行。布倫納引經據典，提出有說服力的證明，馬特在王國內設立封地的主要動機之一，是為了供養穿戴閃亮盔甲的騎士。

如同歷史上常見的情況，這個答案又引出另一個問題：為什麼馬特突然間覺得必須建立一支龐大的騎兵部隊？布倫納提出一個簡單的答案。馬特統治的法蘭克王國於公元七三二年，在普瓦捷（Poitiers）對戰來自西班牙的穆斯林軍隊。馬特的軍隊大多為徒步作戰，而穆斯林士兵則是騎馬打仗。根據布倫納的理論，馬特隨即發現他的不利之處。幾乎就在這場戰役之後——事實上，就是同年稍後——他突然開始徵收教會土地。歷史學家林恩·懷特（Lynn White Jr.）表示：「布倫納因此認定，那個形成封建制度的危機、促使這種制度在八世紀中葉爆炸性發展的事件，便是阿拉伯軍隊入侵。」這項理論在提出之後的數十年都證明是可靠的，懷特表示：「在各方面都牢不可破。」

但是，到了二十世紀中葉，布倫納的理論遭到重創。新的學術研究顯示，布倫納對於那場關鍵性普瓦捷戰役的記錄日期是錯誤的；它實際上發生在馬特開始掠奪教會土地的一年**之後**。「在馬特（及其繼位者）統治之下，我們面對一場奇特的戲劇，卻缺乏動機。」懷特寫道。封建制度是為了供養騎兵而誕生的說法，仍是一種公認的假說，可是轉為騎兵的理由忽然間又陷入一團迷霧。後來，懷特在加州大學洛杉磯分校擔任中世紀史學教授時，無意間看到一位研究德國古物的學者在一九二三年寫下的一段「語無倫次」的註腳，當場得出下述的說法：「馬鐙的登場，預告著八世紀的新時代。」

這段註腳暗指，驅使查理．馬特建立封建制度的原動力來自於西歐發明的一項基本技術：馬鐙。在一九六二年解釋這項假說的經典著作《中世紀的技術與社會變遷》（*Medieval Technology and Social Change*，暫譯）中，懷特嚴謹地引據考古學及語言學來證明，使用馬鐙確實解釋了馬特為何突然轉向騎兵部隊。

在馬鐙出現之前，騎在馬上的士兵必須使用「肩膀及二頭肌的力量」來揮舞矛或劍。馬鐙促成了「更加有效的攻擊模式」。藉著前臂與身體之間挾住的長矛，騎士踩在金屬馬鐙向前倚的時候，可以結合自己體重與戰馬體重的力量發出一擊。這兩種攻擊的差異龐大。八世紀時，手持長矛、馬匹裝有馬鐙的戰士，是銳不可擋的「衝擊兵器」。猶如千年後核武競賽的中世紀版本，馬特了解到馬鐙提供的優勢如此「無限大」，他必須不擇手段搶在敵人之前擁有——即便這意謂必須顛覆數世紀的傳統，創造嶄新的政府形式。

在懷特對馬鐙的研究中，我們看到為了簡單理由（好讓騎馬容易一些）而引進一項技術，卻導致發明者始料未及的廣泛與複雜後果（中世紀封建制度興起）的經典案例。二十世紀下半葉，科技哲學領域的許多學者紛紛著手於類似的意外後果的個案研究。久而久之，工具有時可以推動人類行為的這個概念，便被稱為技術決定論（technological determinism）。

這種哲學的文獻充滿了迷人的案例。較為知名的決定論書籍之一是尼爾・波茲曼（Neil Postman）在一九八五年發行的經典作品《娛樂至死》（*Amusing Ourselves to Death*）。在這本篇幅不長的專書中，波茲曼主張大眾媒體傳輸的格式足以影響一個文化對於世界的看法。（如果這令你聯想到馬歇爾．麥克魯漢（Marshall McLuhan）的名言「媒介即訊息」（the medium is the message），你便不會訝異波茲曼是麥克魯漢的弟子。）

波茲曼使用這項概念來主張，印刷機的影響比我們所了解的更為深遠。對於這項發明的標準論述是，大量生產的書冊讓資訊傳播得更快更遠，加速知識的進化，進而達成理性時代（Age of Reason）。波茲曼的回應是，其所導致的「印刷」文化所影響的，不只是加速資訊流動；它改變了我們大腦處理我們世界的方式。「印刷為智慧下了一個定義，重視客觀、理性地運用思維，」他寫道，「且同時鼓勵內容正經、合邏輯的大眾論述形式。」是這種新的思想方法——不只是新獲得的資訊——突然之間，啟蒙思想與科學方法這類的智慧創新，自然而然地變成下一步。換句話說，古騰堡（Gutenberg）認為他讓資訊獲得自由，可是實際上，他從根本上改變了什麼才是我們認為重要的資訊。

技術決定論一個較為現代的案例是臉書（Facebook）的按讚功能。根據設計團隊同時期的部落格貼文，這項功能的原始目的是為了整理使用者貼文下方的留言。臉書工程師注意到，許多留言純粹是肯定的言詞，例如「好酷」或「好棒」。他們想說，如果這些留言都改為按讚，其餘的留言就會更有內容。換句話說，這項調整的目的是小幅改善，不過他們很快便注意到意外的副作用：使用者開始花更多時間在這項服務上。

事後可以明確看出，有人按讚讓使用者得到一股**社交贊同指標**（social approval indicators）的不均勻串流——他人對你想法的小量證據。每次點開臉書 app 便可能使你獲得這些指標的新資訊，這種想法挾持了人類大腦裡的古老社交動力，使得這個平台忽然間更具吸引力。人們以前偶爾登入臉書去看看朋友們的近況，現在則更可能一整天不斷檢視他們的最新發文得到多少個讚。沒多久，其他每個平台都推出類似的贊同指標串流——愛心，轉推，自動標籤相片，串連——在這場被稱為注意力工程的科技競賽，這場戰役留下少數強大無比的科技平台壟斷者，以及逐漸被手持式發光螢幕給霸占生活而疲累不堪的大眾。這些全都是因為一小撮工程師想要讓社群媒體留言不那麼凌亂。

技術決定論的一個主要特性是，某項創新改變我們的行為，但卻不是首先採用這項工具的人原先計劃或預測的方式。這種想法或許讓你感到不安，因為這似乎賦予無生命物體一種自主的概念——彷彿科技本身決定它應該被如何使用。不是只有你一人感到不安：今日有許多學者迴避決定論的分析，這種學派近年來在學術界已經不流行了，更多理論將工具視為社會力量的向量。可是我愈是研究科技與辦公室文化的交集，便愈相信在這個特定背景下，決定論者可以教導我們一些實用的東西。

為了這麼做，我們首先去除這項哲學認為工具自有意識的驚悚含意。仔細檢視之下，技術決定論個案研究的意外後果幾乎總有實際的原因。新工具開啟我們行為的一些新選項，卻也關閉了其他一些。當這些改變與神祕莫測的人類大腦、以及我們身處的複雜社會體系開始互動，其結果是重大且無法預測。這些研究提及的技術並沒有決定人類應該如何表現，而是它們的效果對於參與其中的人而言，太過出乎意料與突然，所以，工具決定人類行為似乎是可以令人信服的故事情節。（科技學者道格・希爾（Doug Hill）使用**「實質自治」**這個名詞來形容這種效果。）

如果你很謹慎，在一項新工具形成深遠改變以後，你可以時常回顧，並且分析造成改變的一些力量。舉例來說，在馬鐙的例子，學者們便是這麼做，挖掘查理・馬特遇到馬鐙的確切背景——他的政治世界發生了什麼事，他之前曾有什麼關於騎馬作戰的經驗，諸此等等。事後來看，馬鐙引起封建制度是有道理的。但是沒有人籌畫或預先料想到。

我們又說回來電子郵件。史東與ＩＢＭ的個案研究完全是技術決定論：為了一項單純目的（讓既有的通訊方法更有效率）而使用一項工具，卻造成意外結果（移轉為過動蜂巢思維的合作模式）。這項轉變的速度，不到一週時間便開始運作，凸顯這些力量一旦釋放之後有多麼強大。

隨著一九九〇年代電子郵件普及，類似史東在ＩＢＭ觀察到的決定論動能，在世界各地辦公室展開，促使大眾接受過動蜂巢思維，卻沒有人停下來質疑這種激進的新工作方式是否合理。我們選擇使用電子郵件，因為它是大型辦公室非同步通訊需求的合理解決方案。可以說，在電郵普及之後，過動蜂巢思維便選擇了我們，而我們都只是從新近獲得的電郵信箱抬起頭來、聳聳肩，自嘲地說：「我想這就是我們現在的工作方式吧。」

誤打誤撞陷入蜂巢思維

馬鐙造成一種新型態衝擊部隊，是加洛林帝國生存所不可或缺。這導致土地掠奪，進而顛覆政府本質，我們因為引進這個金屬皮革製成、用途有限的物品，卻造成封建制度興盛發展。我剛才談到，一千多年後，另一項用途有限的創新，電子傳訊，則促使現代辦公室接受過動蜂巢思維工作流。為了證明這項說法，我們不妨仔細檢視理論上可能導致我們由理性採用電郵轉變到不理性接受蜂巢思維工作流的潛在複雜力量。至少有三股蜂巢思維動力，似乎在辦公室的意外轉變之中發揮作用。

蜂巢思維動力 #1：非同步的隱藏成本

我先前談到，電子郵件協助我們解決辦公室規模擴大所造成的一個實際問題：需要有效率的非同步通訊，亦即往返寄送訊息、但不需要寄件者與收件者同時通訊的快速方法。你不需要跟辦公大樓另一邊的同事大玩電話捉迷藏，而能使用簡短訊息來取代這種實時對話，在你方便的時候寄送，收件者則在方便時讀取。

對很多人來說，這種非同步通訊方式似乎非常有效率。我在研究時看到一位科技評論者，將需要實際對話的同步通訊方式比喻為落伍的辦公室技術，例如傳真機。他寫說，當人們回顧前人工作方式的時候，那種遺跡「會讓你的孫兒們困惑不解」。

當然了，問題出在電子郵件並不如宣傳所形容的生產力銀子彈那麼好用。實際上，單是一封簡短郵件無法取代快速打電話，反而時常需要數十封曖昧不明的電郵來來回回，才能複製談話的互動性質。如果你把以前的實時交談乘上如今透過各式各樣通訊處理的互動，你便可以開始了解為何一般知識工作者每天要收發一百二十六封電子郵件。

然而，並不是所有人都對冗長通訊所增添的複雜性感到意外。電子郵件席捲現代辦公室之後，分散式系統理論的學者——我在學術研究所專攻的電腦科學領域——便在檢視同步與非同步之間的取捨。結果，他們得出的結論與職場上普遍的共識正好相反。

同步與非同步的議題，在電腦科學史中很重要。在數位革命最初的二十年，電腦程式的設計是為了在單機上作業。等到後來開發出電腦網絡，程式撰寫是為了在組成一個網絡的多機器上作業，亦即**分散式系統**（distributed systems）。為了思考如何協調組成這些系統的電腦，迫使電腦科學家面對不同通訊模式的優缺點。

如果你把一組運算機器連結到一個網絡，在預設狀態，它們的通訊是非同步。機器 A 寄送一份訊息給機器 B，等待訊息最後能被投遞和運算，可是前者無法確定後者要多久才會讀取該訊息。這種不確定性有很多可能因素，例如不同的機器運算速度不同（假如機器 B 同時間也在執行許多其他不相干的程序，或許需要一陣子才會有空檢視收到的訊息佇列）、無可預期的網絡延遲，以及設備故障。

撰寫可以處理這種非同步的分散式系統演算法，實際上比許多工程師預想的來得困難許多。舉例來說，這個時期的一項驚人電腦科學發現是，所謂**共識問題**（consensus problem）的困難度。請想像一個分散式系統的每部機器一同展開一項作業，比如將一項交易輸入資料庫，初始偏好是處理或中止。其目標是要讓這些機器達成一項共識，要不全體同意處理，要不全體同意中止。

最簡單的解決方案是讓每部機器去收集同儕的偏好，然後運用某個固定規則——例如，計票以選出贏家——來決定要採用什麼偏好。如果所有機器收集同一組投票，它們便會採取相同的決定。問題是，其中一些機器可能在投票之前就當機了。萬一發生這種情況，其餘的機器就會無窮無盡地等待早已不運作的同儕給出回應。因為在非同步系統的延遲是無法預測的，等候中的同儕不知道它們應該在何時放棄、依據它們已收集到的投票採取行動。

起初，研究這個問題的工程師們認為，不必等候獲知每部機器的偏好，只需要等候大多數的機器即可。舉例來說，規則可能如下：如果我得知多數的機器都想要處理，那麼我便決定處理；否則我就依照預設中止，保險起見。乍看之下，這條規則應該可以達成共識，只要故障的機器僅占少數。然而，出乎這個領域許多人意料的是，在一九八五年的一篇報告，三名電腦科學家——麥可．費雪（Michael Fischer）、南西．林區（Nancy Lynch，我的博士導師）和麥可．派特森（Michael Paterson）——高明地經由數學邏輯，證明在非同步系統裡，分散式演算法**不能**擔保永遠可以達成共識，即便確定頂多只有一部電腦可能掛掉。

這項結果的細節很技術性，可是對分散式系統的影響很明顯。報告明確指出，非同步通訊讓協調變得複雜，因此，幾乎必然需要額外成本以採取更多同步。以分散式系統來說，這篇著名的一九八五年報告之後，大家探討了數種形式的同步。其中一項粗糙的解決方案，使用於某些初期的線傳飛控（fly-by-wire）系統和具容錯性（fault-tolerant）的信用卡交易處理機，是把機器連結到一個共同的電子迴路，讓它們以一致的速度運作。這種做法可以消除無法預期的通訊延誤，讓你的應用軟體可以立即偵測到是否有機器故障。

由於這些迴路有時很難裝設，以軟體來增加同步的方法也變得流行。利用訊息延遲與處理器速度的知識，確實有可能撰寫程式將通訊組建為多個順暢的回合，或是模擬可靠的機器，以協助一個系統裡不可靠的機器同步化。

這一場對抗非同步的戰役，事實上在網路時代的興起扮演了關鍵角色，亞馬遜、臉書和谷歌等公司的龐大資料中心所使用的軟體即是依賴這些研究，以及其他一些創新。二〇一三年，分散式系統領域的重要人物萊斯利．蘭伯特（Leslie Lamport），榮獲電腦科學最高榮譽的圖靈獎（A. M. Turing Award），以表彰他對演算法促進分散式系統同步化的研究。

這些非同步與同步的技術研究結果令人驚訝的地方是，它們與商業思考者在職場因應相同問題的結論完全不同。我們先前看到，辦公室環境裡的經理人執著於消除同步通訊的成本——惱人的電話捉迷藏或者搭電梯到其他樓層找人當面講話。他們認為，利用電子郵件等工具來消除這種成本，將可使合作更有效率。與此同時，電腦科學家卻得出相反的結論。從演算法理論的角度去調查非同步通訊，他們發現在無法預測的延遲之下進行通訊，造成了棘手的新複雜度。商業界將其同步視為必須克服的障礙，電腦理論家則明白，那是有效率合作的基礎。

人與電腦不同，可是，讓非同步分散式系統的設計變得複雜的許多因素，亦可大致套用在辦公室裡希望合作的人類身上。想要達到同步或許成本高昂——無論在辦公室環境或電腦系統之中——可是想在缺乏同步之下進行協調亦是成本高昂。這種現實恰當說明了許多人在辦公室通訊轉移到電子郵件以後所經歷的：他們用電話打來打去、潦草的便條與無止境開會的痛苦，換來超大量、意味不明的電子訊息一整天來來回回的痛苦。如同工程師設法讓電腦網絡達成共識時所發現的，非同步不僅是把同步擴張出去，更是造成自身的困難。在會議室或電話上即時互動數分鐘或許就能解決的問題，如今產生數十封訊息，甚至即便如此也無法得到令人滿意的結論。換句話說，可能在你把職場轉向為這類通訊之後，過動蜂巢思維工作流的**過動**特性變成無可避免。

蜂巢思維動力 #2：回應的循環

哈佛商學院教授萊絲莉．普羅是現代職場普遍持續連線文化的專家。她在二〇一二年出版的書籍《與智慧型手機共枕》裡寫到，她在二〇〇六年到二〇一二年之間進行一系列調查，讓她注意到這個問題的嚴重性——那段期間正當智慧型手機普及，致使蜂巢思維工作流進入過動階段。這些調查係針對二千五百名經理人與專業人士進行，普羅形容他們的工作「高壓，累人」。她詢問受訪者的工作習慣：他們每週工作多少小時、他們多常在工作之餘檢視自己的公司信箱、他們是否在睡覺時把手機放在身邊。結果很不得了：這些專業人士幾乎永遠處在「開機」狀態。

普羅的研究與我們的討論尤其相關之處，在於她更進一步與調查對象談話，以了解他們**如何**走到持續連線狀態的地步。她的發現是，社交回饋迴路出錯了——她將這種程序稱為**回應循環**（cycle of responsiveness）。這種循環一開始是合理占用你的時間。或許是在二〇一〇年，你剛開始使用智慧型手機，你知道現在可以回覆下班時間後湧入的客戶問題，或者迅速回應不同時區的同事。這些客戶與同事現在知道，這些新時段都可以找得到你，於是開始發出更多詢問，並期待更快速的回應。面對增加的流量，你更為密集地查看手機，以便跟上新收到的訊息。可是，人們對於找得到你以及你的回應的期望愈來愈高，你感受到必須更快回應的壓力。普羅寫道：

> 因此，循環加速轉動：團隊成員、上司與部屬持續提出更多詢問，盡責的員工接受他們的時間被大幅占用，同時對彼此（及自己）的期望也愈來愈高。

這是技術決定論很好的實際範例。團隊成員、上司與部屬都**不喜歡**這個循環造成的持續連線文化。沒有人這樣建議，或是有意識地決定要採取。事實上，普羅後來說服波士頓顧問集團的團隊，安排免於通訊的時間，團隊成員表示他們的效率（efficiency）與效能（effectiveness）都提高了。她進一步提議將電子郵件伺服器設定為下班時間寄送的郵件將被自動保留，隔天早上再寄出（真正緊急的通訊可以設定特殊標幟繞過這項限制）。這項改變或許聽起來簡單，可是，只要截斷回應循環，便能造成顯著的影響。

普羅研究的重要教訓是，嶄新通訊方式的崛起是偶然而且未經規劃。媒體理論家道格拉斯．洛西科夫（Douglas Rushkoff）使用「合作步調」（collaborative pacing）此一名詞來說明，人類群體有一種傾向，會向嚴格的行為模式靠攏，卻不曾實際明確地決定新行為是否合理。我注意到你回應我的訊息更快了一些，於是我也開始如法炮製。其他人跟進；回應模式便產生了，然後成為新的預設模式。普羅研究的顧問們並沒有選擇這種回應循環；可以說，電子郵件代他們選擇了。

蜂巢思維動力 #3：電腦螢幕上的穴居人

在一篇於二〇一八年發表於期刊《第四紀》（*Quaternary*）的報告，特拉維夫大學考古學家艾維艾德·艾加姆（Aviad Agam）和蘭·巴卡伊（Ran Barkai），檢視既有的「考古、民族誌和民族史紀錄」，以說明由舊石器時代初期開始，史前人類是如何狩獵大象與長毛象。這份報告有四張驚人的炭筆圖畫，描繪作者們對於這些狩獵是如何發生的一些想像。

第一張圖描繪七名舊石器時代的狩獵者，進攻一隻前腳舉起來、用後腳站立的大象，每個人都對著脆弱部位投擲長矛。第二張及第三張畫的是獨自行動的狩獵者偷襲大象，那頭動物被刺了一槍才明白發生了什麼事。其中一張是獵人由下而上攻擊，刺向大象腹部；另一張是獵人藏身在樹上，在大象經過時往下刺。在第四張，六名獵人衝向前，用長矛解決跌入陷阱的大象。

基於我們的目的，我們必須注意到這些狩獵場景每次參與的只有一小群人。穿越我們種族的長遠歷史，這項證據顯示，在我們狩獵巨型動物時，抑或單獨行動，抑或小群行動。這項事實亦適用於主導我們進化史的「工作」的其他活動，例如狩獵小型獵物、覓食。我們無需多加揣測進化心理學便可得出合理的結論，**人類**非常適應小團體合作。

為了將遠古人類的觀察連結到我們目前對電郵的討論，我們來考慮這些合作的動能。如果你是那一群偷襲大象的舊石器時代狩獵者的其中一名，你的通訊將是臨時而沒有組織的，因為你要隨著情況的開展飛快做出調整（想像現已失傳的穴居人語言進行了下列的對話）：

「小心……注意那些樹枝，以免踩斷了，驚動大象……」

「等等，從那邊包抄過去……」

「慢下來，牠的耳朵掀起來了……」

就算我們不理會遠古歷史，回到比較近的前工業時代，對絕大多數人而言，他們與人合作時大多仍然是一個小團體——農民和他的子女犁田，鐵匠和學徒在工坊密切配合。和舊石器時代狩獵者一樣，小型團體合作的最自然方式是隨興的態度。深植於我們基因與文化記憶的最直覺合作模式，皆具有過動蜂巢思維工作流的主要特色。因此，我們不必訝異在電子郵件等低摩擦通訊工具出現後，讓現代大型辦公室場景也能出現相似的隨意通訊，我們便受到這種互動模式的吸引。

當然，問題在於辦公室運用的過動蜂巢思維，不同於石器時代狩獵大象的蜂巢思維合作，主要差異是辦公室連結了更多人。沒有組織的協調對六人團體來說很適合，可是，當你在大型機構連結數十名、甚或數百名員工時，便會變得極度沒有效率。我們得知這點，部分源自於研究最適合共同工作以解決專業問題的團體規模的可靠文獻。「自從社會心理學出現，這種規模問題便一直被提出。」華頓商學院管理教授珍妮佛．穆勒（Jennifer Mueller）解釋。

這個領域最初的研究之一是十九世紀法國農業工程師馬克西米利安．林格曼（Maximilien Ringelmann）所做，這項聞名的研究證實，當你叫愈多人去拔河，每個人使出的力氣便會減少——隨著人數規模變大，回報也減少。雖然拔河比賽與現代知識產業沒什麼關係，林格曼的研究仍然深具意義，因為它提出一項普遍概念，即增加一個團隊的規模未必會以正比增加其效力。

在現代，許多管理學教授都依據這項觀察來研究，探討團隊規模擴大之後，職場合作的效力有何變化。二〇〇六年華頓商學院發表一篇評論文章，綜述多篇此類研究報告。儘管沒有一個明確的最合適團隊規模，幾乎所有結果均落在四到十二人的狹窄區間——正符合我們在舊石器時代大象狩獵者所看到的人數。

為何高於這個區間的團隊規模就會變得較無效率？人們提出許多原因。舉例來說，林格曼提出的怠惰效應似乎仍出現在知識工作（簡單來說：愈多人做一件企劃，就愈容易打混偷懶）。可是，另一個主要因素是通訊變得更為複雜。六名大象狩獵者很容易協調攻擊行動，只在有需要時講話即可。但是人數一旦擴增至六十人，溝通便會轉變為一團混亂，各說各話、誤會叢生。這正是為何這種規模的軍事部隊幾乎都有嚴格的指揮鏈。

將這些脈絡集結起來，我們可以編織出說明過動蜂巢思維蔓延的可信故事。在大部分人類歷史中，我們以小團隊合作，為了任務而溝通，並無特定架構或規則。二十世紀初葉，大型辦公室興起，完全破壞這些自然的合作模式，我們必須寄送備忘錄、交由打字小組複印，或者讓祕書安排一對一的電話晤談。當電子郵件降臨，我們找到一種方式，把較為原始的溝通模式重新引進我們疏離的辦公室環境——我們可以只是聊天，不假思索地，想到什麼便匆忙寄出訊息，期待對方立即回覆：在網路連線之中重現大象狩獵。結果便形成了過動蜂巢思維工作流——這在本能層面是行得通的，但在實際層面卻逐漸害我們變得悲慘，因為我們錯估了它可運用到大型團隊的能力。

換句話說，雖然瘋狂的企業高階主管憤怒地在手機上打字是現在常見的場面，彷彿是我們所處現代時刻的表徵，但其實可能源於舊石器時代。

杜拉克與注意力公地悲劇

二十世紀的頭幾十年，彼得·杜拉克還是個住在奧地利的小孩時，便接觸到一些當代經濟思想宗師，包括以「創新性破壞」（creative destruction）聞名的熊彼得（Joseph Schumpeter）等人物，他們參加杜拉克的父母，亞道夫與卡洛琳，所舉辦的夜間沙龍。這些沙龍的智慧能量，為杜拉克奠定日後成為現代最重要的企管大師之一，並被公認是「現代管理學之父」的基礎。他的生涯共寫作三十九本書籍及無數篇文章，直到二〇〇五年逝世，享耆壽九十五歲。

杜拉克名聲鵲起於一九四二年，時年三十三歲的他任教於本寧頓學院，出版了第二本著作《工業人的未來》（*The Future of Industrial Man*）。該書質問，如何建立一個最合適的「工業社會」——「自瓦特發明蒸汽引擎以來，西方人據以建立棲息處的嶄新實體現實」——俾以尊重人類的自由與尊嚴。在工業世界大戰之際出版，這本書獲得廣泛的讀者群。通用汽車（General Motors）的管理團隊大為折服，於是邀請杜拉克以兩年時間研究這家全球最大企業是如何營運。這項企劃所衍生的一九四六年著作《公司的概念》（*Concept of the Corporation*），是最早認真看待大企業如何實際營運的書籍之一。這本書奠定企業管理和研究的基礎，也成就了杜拉克的生涯。

對於我們要探討的來說，杜拉克不只是出名的企管理論家。他的影響亦可解答一個你在閱讀本章時，可能攫取你注意力的急迫問題：即使我們認同過動蜂巢思維是自主地興起，為什麼在其缺陷水落石出以後，我們仍然讓它持續下去？

一九四〇年代在通用汽車研究的日子，杜拉克結識傳奇的執行長艾佛瑞德・史隆（**Alfred P. Sloan Jr.**）。杜拉克後來回憶，史隆曾對如何成為一名成功經理人有過如下發言：「他必須絕對容忍，不去注意人們是怎麼做自己的工作。」這個概念重新浮現在杜拉克一九五〇及六〇年代的思想中，那是他首創「知識工作」（knowledge work）一詞的時期，因為他開始注意到一種新型態經濟，在其中的人腦產出逐漸變得比工廠產出更有價值。

「知識工作者無法被密切或仔細地監督，」杜拉克在其一九六七年著作《杜拉克談高效能的5個習慣》（*The Effective Executive*）寫道，「他必須自我領導。」這是一種激進的觀念。在美國工廠裡，集中控管工人是標準慣例。受到腓德烈・溫斯洛・泰勒（**Frederick Winslow Taylor**）推廣的所謂「科學管理」（**scientific management**）原則影響，工業經營者將工人視為自動機械，去執行一小撮聰明經理人所精心設計的最優化流程；泰勒著名的事跡是拿著碼錶在工廠樓層踱步，去除無效率的動作。

杜拉克認為，這種做法在知識工業的新世界注定會失敗，因為這裡的生產性輸出不是用昂貴設備所製造的零組件，而是由理智的工作者發揮專業認知技能來創造。進一步說，知識工作者對於自身專業的了解往往多過管理他人。杜拉克推斷，部署這些高技能個人的最佳方式，是給予他們明確的目標，然後任由他們用自認合適的方法去完成腦力工作。指示組裝線工人如何安裝方向盤，或許是有效率的做法，試圖指示行銷文案撰寫人如何腦力激盪出新產品標語，將是徒勞無功。

在他的漫長生涯中，杜拉克一直宣揚這種知識工作者自治的觀念。直到一九九九年，他仍在強調其重要性：

〔知識工作〕需要我們把生產力的職責施加到個人知識工作者本身。知識工作者**必須**自我管理。他們必須擁有**自治權**。

這項概念的影響再怎麼高估也不為過。撇開一些例行性行政流程，例如填寫開銷報告，完成現代辦公室種種工作的錯綜複雜性，大都超出可以管理的範圍。它們被推入個人生產力的模糊地帶。想要知道如何做好事情嗎？買本談論如何妥善組織工作的書（杜拉克本人便是寫過這類書籍《杜拉克談高效能的5個習慣》的始祖之一），或者使用新的規劃表，或者如同我們「做得好」的文化常常建議的，更加努力工作吧。知識工作者並不期望自己的公司想要了解他們負擔了多少工作，或是他們是如何完成工作。

換句話說，在我們由工業轉移到知識工作時，我們放棄自動機械的身分，換來疲累的自治權。正是在這種背景下，過動蜂巢思維一旦就定位，便很難杜絕，因為在沒人負責確保這種工作流正常運作之下，你無法修補故障的工作流。一八三三年，英國經濟學家威廉·佛司特·洛伊（William Forster Lloyd）提出一種假設的情境，如今成為賽局理論的經典範例，可以幫助我們更加了解這種動能。這個情境，後來被稱為**公地悲劇**（tragedy of the commons），設想的是鎮上有一塊公共土地可供牛羊吃草，這是十九世紀英國常見的。洛伊指出一種有趣的緊張關係：每個牧者為了個人利益，都想讓自己的牲畜儘量在公地上吃草，然而當所有牧者都在維護他們的最佳利益時，便無可避免地造成公地過度使用，終究變成沒有利用價值。類似的個人利益導致集體苦難的情境，其實普遍出現在許多不同環境之下，包括不穩定的生態、自然資源開採，以及公用冰箱的使用行為。使用約翰・奈許（John Nash，電影《美麗境界》主人翁）在二十世紀中葉提出的數學工具，你甚至可以準確分析這種情況，這種範例被賽局理論家稱為「無效率奈許均衡」（inefficient Nash equilibrium）。

這種經濟細節對於我們的討論是有助益的，因為當過動蜂巢思維基於本章稍早提及的動力而興起時，現代辦公室的通訊，成為洛伊的思想實驗付諸實行的另一個案例。一旦你的公司落入蜂巢思維，每個人為了眼前利益便會堅持這種工作流，即使它為整個公司帶來長期不良的結果。如果你可以預期你丟給同事的訊息立即獲得回應，你的人生當下會很輕鬆。同樣地，如果你單方面減少你花在檢視信箱的時間，你就會拖慢這個依賴蜂巢思維的群體內，其他人的進度，造成不悅與不滿，並且危及你的工作。有些驚險地延伸這項比喻，在知識工作，我們過度使用時間與注意力公地，因為我們都不想成為讓自己的羊隻挨餓的那個人。

換言之，過動蜂巢思維的負面後果是不太可能用微調個人習慣來加以解決。即使是出於好意地試圖推動整個組織的行為，例如對於回應電子郵件頒布更好的規定，或是嘗試暫時性的實驗，像是星期五不使用電子郵件，這些都注定要失敗。因為一百五十年來的經濟理論教導我們，想要解決公地悲劇的話，你不能期待牧羊人大幅改進他們的表現；你必須用更有效率的東西來取代免費開放的吃草系統。過動蜂巢思維也是同樣的情況：我們無法用小幅調整來加以解決，我們必須把它替換為更好的工作流。想要這麼做，我們必須洗刷杜拉克給管理辦公室工作扣上的污名。杜拉克正確地指出，我們無法將知識工作者的專業努力完全系統化，但是我們不能把相同觀點套用在環繞著這些專業努力的工作流。經理人無法告訴文案撰寫人如何想出高明的廣告，但她可以過問的是，這些委託案如何指派，或文案撰寫人必須負起哪些其他職責，或是如何因應客戶的要求。

想要設立更為智慧的工作流，擺脫過動蜂巢思維的惡劣影響，這個目標確實是艱巨無比，需要經歷嘗試、犯錯以及許多令人惱怒的事。不過，只要有正確的指導原則，這絕對是可能做到的，而且其所創造的競爭優勢將極為可觀。本書的第二部，也就是接下來的章節，將專門解釋這些原則。

第2部

建立「沒有 Email 的世界」的原則

第四章

專注力資本原則

福特T型車與知識工作

我們一開始推翻過動蜂巢思維工作流的場所或許令人意想不到：亨利・福特最初的汽車工廠。二十世紀的最初幾年，福特新成立的福特汽車公司（Ford Motor Company）生產汽車的方式與競爭對手大致相同。「我們就是在工廠地面上的一處開始組裝車輛，」福特曾說明。「作業員把需要的零組件帶過來，跟蓋房子的方式相同。」這些組裝中的車輛抬高放置在木製鋸木架上，以避免不必要的彎腰，作業員團隊圍繞在四周，將各項零組件打磨、整理，才能緊密契合。運用這種「工藝製法」（craft method）的工廠，正是直接擴大卡爾・賓士（Karl Benz）一八〇〇年代晚期用以組裝

第一部實用汽車的自然方法。

一路由加裝車頂需加價的雙人座A型車，研發到B、C、F、K及N型車，福特終於在一九〇八年創造出實用運輸工具的傑作：T型車。在這個新設計中，福特不僅創新了車輛的特性，也創新了車輛打造的整個流程。這項創新的重要第一步是引進通用的零組件。沿用了最早由南北戰爭時期，新英格蘭兵工廠使用的技術，福特將這款暢銷車型初期版本的獲利拿去投資，設計專門工具，生產精密度高的汽車零組件，免除打磨整理才能讓零組件緊密契合的冗長流程。如同該公司誇耀的：「你可以駕駛T型車環遊世界，跟任何一部你在途中遇到的T型車交換曲軸，兩部車的引擎仍可完美運作，就像交換前一樣。」

不需要打磨之後，通用零組件可以加速汽車組裝，不過，福特仍須構思如何在最短時間內，將T型車大約一百個精密設計的部件組裝成為一輛可以行駛的汽車。為達成這個目標，他嘗試了許多不同方法。按照標準的工藝製法，原先需要十五人的團隊組裝一部車。福特曾實驗讓一個人專門組裝車輛，其他工人把零組件遞給他。不過，這個工人必須在各個不同的組裝步驟之間轉換，仍然造成了延誤，於是福特又實施一套系統，每名工人專門進行一項工作，例如安裝汽車保險桿，在工廠樓層四處行走，為每部汽車執行相同的工作。這個方法略有改善，但調度這些輪替的專門工人仍極為困難。

一九一三年，T型車問世之後五年，福特在製程改造又跨出一大步：如果不是讓工人在靜止不動的車輛之間移動，而是讓汽車通過靜止不動的工人呢？他起初是暫時使用一條迷你組裝線，以加速生產T型車點火系統火星塞所需的線圈磁電機。以前需要一名工人花二十分鐘在工作台做出一組磁電機。福特採用高度及腰的基本輸送帶，將製造程序分解為五個步驟，五名工人並肩站立，現在只需五分鐘便能組裝出一具磁電機。

就像人們常說的，電燈泡亮了。繼磁電機之後，是車軸的新組裝線，組裝時間由兩個半小時縮短至二十六分鐘，之後是三段變速箱的移動生產線，將引擎組裝時間由十小時縮減為四小時。信心增強之後，福特跨出了新生產系統的最後一步，建造耐重的鏈傳動輸送帶，讓整付車架在不斷行進的組裝線上移動。

今日，我們已然習慣複雜製程，但是福特首度大規模運用這項創新的影響再重大不過了。以往需要至少十二・五個工時來生產一部 T 型車。有了組裝線，工時減少到九十三分鐘。福特總計賣出一千六百五十萬輛這款招牌車型。在巔峰時期，龐大的高地公園（Highland Park）工廠，每四十秒鐘便有一輛新的 T 型車出廠。

二十世紀初期，汽車工廠哐噹作響的鏈條和火星四射的電焊器，跟我們這個時刻的知識工作者在時尚電腦螢幕上敲打電子郵件，二者或許顯得格格不入。但如同我稍早述及，福特的創新以及對工業製造世界的後續影響，將提供一個非常實用的類比，讓我們了解如何躲避過動蜂巢思維工作流所帶來的悲慘。

二〇一九年秋天，《華爾街日報》（*The Wall Street Journal*）報導一位名叫拉斯・萊因安斯（Lasse Rheingans）的德國企業家，在他的十六人科技新創企業採取一項新穎做法：五小時工作日。萊因安斯不只是減少員工待在辦公室裡的時間，還有他們每日工作的總時數。他們大約每天早上八時進公司，下午一時離開。工作中禁止使用社群媒體、嚴格限制開會，收發電子郵件亦受約束。當他們下班了，直到翌日早晨前都是真正的下班時間，因為他們被限制只能用待在實體辦公室的時間進行工作——沒有半夜的鍵盤討論，沒有子女體育活動上偷偷摸摸的手機傳訊。萊因安斯的想法是，一旦消除干擾工作的事情以及無止境的**公事**討論，每天五小時便已足夠讓員工做好對公司有意義的主要事情。

這篇有關萊因安斯的報導見刊後不久，《紐約時報》邀請我為他的試驗撰寫一篇社論，兩週後在該報刊出。「《華爾街日報》形容萊因安斯的做法『激進』，」我寫道，「〔但是〕我現在認為真正激進的是竟然沒有更多組織嘗試類似的實驗。」為了證明我的說法，我舉出福特及其組裝線的故事。這個故事的基本寓意是，在資本主導的市場經濟製造產品時，你擁有的資源數量並不足以預測你的獲利性。舉例來說，在T型車之前，福特的資本並不比競爭對手多。認真說起來的話，在某些關鍵時刻，甚或更少。（福特以七百五十美元把第一部A型車賣給芝加哥一位牙醫時，他的現金準備少到只有二百二十三美元。）然而，及至一九一四年底，福特生產汽車的成本獲利比其他汽車公司高出十倍。與擁有多少資本同等重要的是，如何**運用**資本。

在福特革命之後，這項原則成為工業管理的基礎。現在大家都認同，持續的工業成長亦需要持續實驗與改造生產產品的流程。如同杜拉克在一九九九年一篇經典文章中所指出，這種對工業改進的執著創造了巨大成功。杜拉克提醒讀者說，一九〇〇年以來，體力勞動者的生產力增加了**五十倍**！「體力勞動者的生產力創造了我們現在所稱的『已開發』經濟，」他寫道。「這項成就奠基了二十世紀**所有**的經濟與社會增長。」

但是當我們把注意力轉回到知識工作時，便發現到缺乏同樣的實驗與改造精神。這便是我為何在《紐約時報》的文章寫道，缺少類似萊因安斯五小時工作日實驗的這種情況才叫作「激進」。萊因安斯按照亨利．福特的思維來看待自己的公司，我的意思是他尋找著運用資本以創造更多價值的大膽新方法。我那篇《紐約時報》社論刊登後，萊因安斯主動聯絡我，我們就他的公司運作展開對談。他解釋說，他的五小時工作日實驗迄今已進行了兩年，他不打算在近期內改變這項做法。

然而，實現這項轉變極具挑戰性。我問萊因安斯，他是如何說服員工不要一直檢查電郵信箱。「答案可能並不如你預期的容易。」他告訴我。對許多團隊成員來說，只是建議他們減少檢視郵件並不足夠。他最後請來外部教練，強化「一直檢視郵件或社群媒體對他們無益」的論點。教練們亦鼓勵員工進行紓壓的覺察運動，例如冥想，以及做瑜伽等活動來增進身體健康。萊因安斯的目標是要讓大家慢下來；更有意識地做自己的工作，減少狂熱的行動；明白他們過去「終日奔波，卻徒勞無功」。這些改變到位後，五小時突然間變得非常充分，足夠完成以前需要更長工時的上班日才能做好的工作。

萊因安斯是願意大刀闊斧、改變我們網路時代工作基本組成的少數企業領袖之一。目前，大多數組織仍然陷在過動蜂巢思維工作流的生產力流沙，只想做些微幅調整以彌補最糟糕的後果。正是這種思維才導致了設定電子郵件回應時間或者撰寫更為清楚的主旨等「解決方案」。導致我們接受 Gmail 自動填寫的內文，俾以加速撰寫訊息；或是 Slack 的搜尋功能，俾以更快速地在混亂的來回聊天之中找到我們想找的東西。對知識工作而言，這好比為了加速汽車製造的工藝製法，而給工人穿走得更快的鞋子。這是在錯誤的戰場上獲得了小小的勝利。

萊因安斯和我並不是唯一注意到這項討論影響重大的人。在先前提到的同篇一九九九年文章，杜拉克指出，知識工作的生產力思維停留在一九〇〇年的工業製造，也就是在激進實驗促使生產力增進五十倍之前。換句話說，我們認為**假如**我們願意認真質疑自己的工作方法，我們便可以讓知識產業的經濟效率出現類似的大幅提升。杜拉克表示，讓知識工作更具生產力是我們時代的「核心挑戰」。他寫道：「最重要的是，〈知識工作〉的生產力是已開發經濟的未來繁榮、甚至是未來倖存將大力倚重的。」

我們在下列原則可以看出這種心態轉變的必要性與潛力，這項原則是本書第二部各項實用觀念的基礎。

專注力資本原則

如果我們找出更可優化人類大腦的能力、持續為資訊加值的工作流，便可以大幅提升知識產業的生產力。

在工業界，主要的資本資源是原物料和機器設備。某些部署此類資本的方式所創造的回報遠高於其他〈舉例來說，組裝線與工藝製法的對比〉。相較之下，在知識界，主要的資本資源是你僱用來為資訊加值的人力，我稱之為**專注力資本**（attention capital）。不過，這兩種部門適用相同道理：不同的運用資本策略將創造不同的回報。依據我在第一部所提出的證據，過動蜂巢思維需要我們不斷在各種網絡間轉換，顯然不是最佳策略，從某個角度來看，就如同打造汽車的舊工藝製法。為了實現杜拉克預見的二十一世紀大幅生產力提升，我們必須找出可以創造更好回報的知識工作方法。

接下來的章節將探討更好地部署專注力資本所需要的明確概念。你將會了解到將焦點由改進人們轉移到改進流程的價值，以及將專業工作與行政作業分離的重要性。你也將看到我對大幅減少一般知識工作者不切實際的預期工作量所提出的見解，你將看到許多個案研究，包括萊因安斯這樣的個人以及組織願意去實驗更好的替代方法。不過，在談及這些具體內容之前，本章將聚焦在實行專注力資本原則的**一般**最佳慣例。

個案研究：狄維席放棄蜂巢思維

我們首先用一個具體個案研究來探討專注力資本原則：一位名叫狄維席的企業家

運用這些概念，重新思考他的小型行銷公司的工作。狄維席的公司僱用一群遠距工作的員工，分布在美國與歐洲。這種橫跨多個時區的地理分散性，需要依賴電子郵件之類的非同步通訊工具。如同許多其他類似情況的公司，狄維席的公司很快便發現自己陷入過動蜂巢思維工作流，業務在電子郵件往返的無止境混亂之中開展。狄維席解釋，這導致為了檢視電子信箱而疲憊不堪的日子，信箱裡「充斥註記與設計檔案、一次性訊息，還有討論到數項不同專案的單一郵件。」

如同許多被蜂巢思維工作流壓到喘不過氣來的企業主，狄維席首先讓通訊更有效率，試圖藉此解決問題。他的數種措施之一是讓公司改用Gmail，這項電郵服務更能自動將郵件分類，並且有流暢的手機app，讓員工在辦公桌之外也能跟上對話。然而，這些改善效率的措施，並無法解決一種公務通訊量過於龐大是在根本上出了錯誤的感覺。狄維席向我說明，他和員工們感覺受到信件「轟炸」，信件「主宰」他們運用時間的方式。事情愈發明顯，這不可能是執行認知工作的最佳方法。以我們的用語來說，狄維席擔心這種部署公司專注力資本的方式只得到次等的回報。

師法亨利．福特，狄維席開始實驗激進新方法以組織公司業務。他的核心想法是，當他的員工依賴蜂巢思維，他們的日子便圍繞著電子郵件，被來訊指示他們要做什麼事，同時間在許多不同專案之間跳來跳去，抑制他們投注在任何一項專案上的專注力品質。狄維席決定扭轉這種動能。他要求員工們決定要進行什麼專案，做好決定後，便把專注力固定在所選擇的事項，直到他們準備好進行其他工作。為實現這項新目標，狄維席放棄蜂巢思維模式，亦即所有工作流經每個人的綜合用途信箱。他使用 Trello 這項線上專案管理工具來重建公司的工作流。

你要在 Trello 設立一項專案的話，需要開設一個專屬網頁，稱為「看板」（board），與相關協作者分享。接著在看板上設定欄位，在每個欄位內放置堆疊（stack）的卡片（cards），呈現出接龍式的垂直排列卡片組合。每張卡片正面有一段簡短的說明，點擊之後，便可看到背面更為詳細的資訊，包括附加檔案、任務列表、相關筆記與討論。

在我的要求下，狄維席寄來一項他們正在進行中的行銷專案看板截圖。看板有如下四疊卡片：

□ **研究與筆記**。這堆卡片每張都有與行銷活動相關的背景資訊。例如，其中一張卡片記錄最近一通客戶來電，另一張則是如何拓展客戶郵件列表的一些想法。

□ **待辦事項**。這堆卡片每張分別說明一個需要完成的專案步驟，但目前沒有人著手處理。例如，其中一張卡片說明客戶網站需要加入新客戶使用感想的這個步驟。

□ **設計與實施**。最後兩堆卡片說明正在執行中的專案步驟。設計的卡片當然是與設計相關的步驟，而實施的那一堆卡片則是實施行銷活動的其他相關步驟。這兩項是由不同人負責，所以分為兩堆。重要的是，每一張卡片點擊後，可以看到步驟說明之外，還有目前狀態和一個色彩鮮豔的留言區，大家可以提問與回答，並且指派完成卡片相關任務的責任。其中一些卡片還有小任務清單，其他的則有最後期限，在卡片名稱下以鮮豔顏色標示。許多卡片都附加相關檔案。

狄維席向我解釋，他的公司現在的工作以 Trello 為主軸進行。如果你被指派一項專案，你的所有工作，包括討論、分派任務和相關檔案，都在看板上協調——不是透過電子郵件或 Slack 聊天。當你決定進行一項專案，便瀏覽看板，按照卡片進行。隨著完成專案進度，卡片便由待辦事項移到進行中的那堆。若有了新想法或是客戶寄來更多要求，便加到研究與筆記。若有了問題或需要分派工作，這些筆記便會附加到相關卡片背面的討論之下，專案相關人員都可看到。

在這些改變之前，每個員工的工作日都被電郵信箱主宰。早上開始工作時打開信箱，回覆信件直到下班。而在新的 Trello 工作流，每個員工現在以專案看板為主，一整天之中看板都會更新。雖然他們仍需要電子郵件來回應不緊急的行政作業與私人一對一交談，郵件的重要性已大幅降低。你現在或許一天只需要開信箱一次或兩次，就像實體信箱一樣。

這種新工作流鼓勵單一任務處理。當狄維席的一名員工決定進行一項指派的專案時，他們在看板上的資訊或討論全部都是有關於該專案。這讓他們可以專注在一件事情上，直到**準備好**移動到下一件。相反地，若是使用一般通用的信箱，他們不時在許多不同專案之間來回切換，有時甚至是在同一封信件內——這種認知狀態既不具生產力，又可能造成慘況。

這種工作流的另一項優點是，它把一項專案的所有相關資訊都清楚組織起來。以往狄維席的公司依賴過動蜂巢思維，這類資訊凌亂地散布在電子郵件，深埋在許多員工的收件匣。相較之下，把資訊整齊地安排在一個設定名稱的欄目，相關檔案與討論附加在清楚標示的卡片上，這才是記錄工作與有效規劃待辦事項的更有效率方法。

看到狄維席的 Trello 看板之後，我的反應可能跟汽車同業第一次看到福特高地公園廠的全面運作組裝線一樣：恍然大悟到這才是組織工作的更佳方法。狄維席也這麼認為。他的員工現在很滿意不必再被電子郵件主導工作，沒有什麼重大抱怨或是生產力下降。更值得一提的是，狄維席無意回到舊的工作方法。為了強調他的職業生活發生多麼重大的改變，他寄給我一張公務電子信箱的截圖。在先前一整個月，他只參與八個電郵串，總計收發四十四封信件。相當於每個工作日平均略多於兩封信。「真是上天恩賜，」他總結道。

這種激進的工作流轉變說起來容易，卻往往不容易成功實施。障礙很多，由構思實驗的重點，到轉換你對不方便或額外費用的看法，到說服團隊成員支持。本章接下來將探討一些克服這些障礙的最佳做法，有助於你在自己組織或是職業生活運用專注力資本原則。

打造自治架構

在第三章，我們討論一個重要問題：**若是過動蜂巢思維那麼沒效率，為何那麼普遍？**諷刺的是，我所提供的答案主要圍繞著認為二十一世紀核心挑戰是知識工作者生產力的那位人士：彼得．杜拉克。先前有提到，在一九五〇與六〇年代，杜拉克讓企業界了解到知識工作已成為重要的經濟部門。他的核心訊息之一是自治權的重要性。「知識工作者不能被密切或嚴格監督，」他在一九六七年寫道。「他們必須自我領導。」

杜拉克的見解是，知識工作太過需要技能與創意，無法分解成經理人吩咐工人執行的一系列重複任務，像體力勞動那樣。諸如提出新商業策略、創造新科學產業流程這麼抽象的事情，你無法輕易將之拆解為一系列不加思索就可遵循的最佳步驟。

杜拉克對自治權的重視產生深遠影響，同時也解釋了為何蜂巢思維根深蒂固。如我所說，當你把生產力決策下放給個人，你便不必訝異最終導致像過動蜂巢思維這種簡單、彈性、最小公分母的工作流。

在這裡，我們陷入一個僵局。一方面，自治對知識工作來說是無可避免的，因其工作性質複雜。另一方面，自治造成蜂巢思維式工作流。為了成功運用專注力資本原則，我們必須設法避開陷阱。為此，我們必須接續杜拉克沒有說完的話，釐清真正需要自治的地方。

知識工作可以理解為兩個部分的組成：**工作執行與工作流**。第一個部分，工作執行，指的是實際執行知識工作創造價值的活動，例如撰寫程式碼，公關人員撰寫新聞稿。這是你利用專注力資本創造價值的方法。

第二個部分，工作流，我在本書前言已說明過。它指的是我們如何設定、指派、協作與評估這些基本活動。過動蜂巢思維是一種工作流，狄維席的專案看板系統也是。如果工作執行是在創造價值，那麼工作流便是架構這些努力的方法。

一旦我們了解這兩部分指的是不同的兩件事，我們便可找到方法來避開自治陷阱。杜拉克強調自治權，他指的是工作執行，因為這些活動往往太過複雜，無法分解成機械式流程。但是，我們不應該讓個人去自行摸索工作流，因為最有效率的系統不可能自然形成。相反地，我們需要把工作流明確設定為組織營運流程的一環。

如果我管理一個開發團隊，我不應該指示我的電腦程式工程師如何撰寫特定的常式。然而，我應該仔細思索他們被要求撰寫的常式有多少、他們是如何處理這些任務、我們如何管理代碼庫，甚至組織裡還有哪些人可以打擾他們，諸如此類的。（有關軟體開發者的激進原創工作流，請參考第七章的**極端程式撰寫**。）

我們在狄維席的行銷公司看到實際的區分。狄維席把專案管理轉移到 Trello 看板，但沒有限制團隊如何實際執行設計，與如何部署行銷的核心活動。他真正改變的是支援這些活動的工作流，包括這些專案的資訊記錄方式，相關資訊與問題的溝通方式。他改變了工作流，但把工作執行的細節交給熟練的員工。在本章稍後，你在大部分的個案研究與範例都會看到相同的區分。

持平而論，我們無法責怪杜拉克沒有在最初研究知識工作時做出這種區分。在一九五〇與六〇年代，當他率先研究這項議題，員工自治的概念太過激進，根本沒有微調的空間。光是要說服人們，在工業部門創造奇蹟式成長的威權方法不適用於這種新型態的腦力活動，就已經夠困難了。

杜拉克成功對一群懷疑的受眾宣揚了自治權的福音，今日參與知識產業的我們都是這些先見之明的受惠者。然而，我們不能就此停下腳步。為了實現專注力資本原則的遠大承諾，我們必須站在杜拉克的肩頭，把這些理論推進到更為複雜的下個階段。如果我們要繼續提升知識產業生產力，區分工作流與工作執行便至關重要。為了獲得專注力資本的全部價值，我們首先必須嚴謹看待我們建構工作的方法。這不會妨礙知識工作者的自治權，而是加以整理，讓他們的技能與創意產生更多價值。

減少背景轉換與超載

亨利．福特在一九〇〇年代初開始實驗生產汽車的更佳方式。一個世紀後，狄維席開始實驗服務行銷客戶的更佳方式。我們必須承認，在這方面，福特占有優勢。以製造汽車來說，我們一眼便可看出流程優劣的關鍵：速度。這項設計原則——快比慢好——是福特實驗的關鍵因素，讓他直接把改善低階製造流程與財務表現畫上等號。在知識工作，這個等式變得模糊了。在試圖改造工作流以創造專注力資本的更佳回報時，你要注意什麼？就知識工作而言，相當於生產速度的因素是什麼？

為了回答這個問題，我們可以依據本書第一部論述過動蜂巢思維的主題。在那幾章，我指出，將注意力放在不同目標之間切換，會造成龐大的認知成本。凡是需要你不斷顧及電子信箱或聊天管道對話內容的工作流，必將降低你的腦力產出品質。我亦指出，通訊超載——覺得自己的時間與注意力永遠無法跟上一直進來的各種不同要求——與我們古老的社交本能產生衝突，導致短期的不快樂與長期的過勞。

基於這些觀察，我建議根據下列設計原則來開發讓你的個人或組織專注力資本獲得更佳回報的工作流：⑴盡量減少任務中的背景轉換；⑵盡量減少通訊超載的感受。這兩項特性對知識工作而言，好比福特對於速度的執著。

為了說明，我們首先來談第一項特性。任務中的背景轉換指的是，你必須暫停獨立任務，將注意力轉移到不相干的事情，然後再回到原先的注意力目標。這種切換的典型例子是必須一直查看電子信箱或聊天管道、以跟上不相關事情的對話展開。然而，這種切換也可能是實體的。例如，在開放辦公室環境下，你可能經常受到打擾，人們走到你的座位旁邊問你問題；如果你的工作流需要時常開會，這也會把你的時間分裂為小碎片，難以從頭到尾做好一件事。

無論干擾來源為何，就使用腦力以創造價值而言，你愈能一次完成一件事，持續進行一項任務直到做完、才去做下一件，你的工作便愈有效率及功效。如同我在第一部談到，這適用於許多不同種類的知識工作，包括深度思考、管理，甚或輔助角色。運用人腦的最佳方式是順序性的。

第二項特性，是為了減少感覺大家隨時都在找你所造成的認知負擔。其他條件相同的情況下，把沒完沒了的緊急通訊減至最低的工作流，優於那些反而擴大它的工作流。當你晚上回到家後、週末放輕鬆時、或者度假時，你不該覺得沒上班的時間都在累積更高的通訊負債。在過動蜂巢思維的年代，我們已習慣把這種鬱悶狀態當成是高科技世界的必然後果，但這毫無道理。更好的工作流可以克服這種超載感，進而讓你不只更加快樂，也會更有效率，減少長時間過勞的可能。

回到狄維席的故事，我們可以看到這項設計原則付諸實行。他依據專案看板設計的新工作流，消除了任務中的背景轉換。現在，唯有在你決定登入一項專案的看板、審視相關卡片時，該專案的通訊才會發生。不會像電子信箱讓你在做一項專案時，又看到另一項專案的訊息。狄維席稱之為「逆向而行」：**你**決定何時就專案進行溝通，而不是讓**專案**為你決定。

狄維席的新工作流亦可減少通訊超載。同事將互動搬到專案任務卡片之後，通訊**不斷累積**的感受便減輕了。你決定登入一項專案看板時，才會加入對話。沒登入看板時，不會有充滿不耐煩詢問及提醒的郵件指名寄給你。

減少背景切換及超載，並不是設計更好工作流的全部情節。這可以在短期內指引你的實驗，但在長期，你仍必須監測重要的財務指標：你所創造的價值產出的品質及數量。對知識工作組織而言，這意謂追蹤新工作流對營收的影響，而對個人知識工作者來說，這可能是指你達到里程碑或完成專案的速度。

看到這些數字隨著時間改善，將讓你有信心堅持新的工作方式。同等重要的是，如果你所做的改變導致這些數據惡化，便可證明你做得太超過了，反而妨害攸關成功的活動。關鍵在於設法減少背景切換及超載，並在同時**做好該做的事**。

不必害怕不方便

當我向其他知識工作者講述狄維席的故事，他們如預期地表達憂慮。當他們想像自己的組織由過動蜂巢思維轉移到更有架構的系統，例如狄維席的專案看板工作流，他們很容易便想到潛在的問題。無法再隨時隨意吸引人們的注意力，可能導致延誤最後期限，或者無法完成緊急任務，或者拖了太久才得到你所需的答案，以致不能推進重要專案的進度。換句話說，拋棄過動蜂巢思維的單純性，或許會給所有參與的人帶來一連串的不方便。

這種反對意見很重要，因為這跟運用專注力資本原則的大多數措施有關。如同我曾說過，知識產業之所以堅持過動蜂巢思維的一個重要解釋是，對使用的個人而言，**當下**確實很方便。你不必學習什麼系統或記住什麼規則，只要在你需要時，以電子管道找到人就好了。這種工作流的任何替代方式幾乎必然更不方便，因為它可能需要更多心力去學習，或造成短期問題，例如延誤任務或是偶爾長時間延遲回應。這種事實有助於說明，為何電子郵件疲乏所催生的眾多工作改革運動，最終都被縮減到只是小幅調整，例如倡導電子郵件「禮儀」，因為這些無效的建議讓人們不必面對真正改變過動蜂巢思維現況所帶來的辛苦。

假設你想要對你自己或組織的工作流做出重大改變，你如何避免這種實驗所帶來的不方便？**你沒辦法**。相反地，你必須調整自己的心態，好讓自己不再害怕這些困擾。為了支持我的這項建議，我們可以看看工業領域，他們廣泛接受不方便。我們設想一下，亨利·福特的高地公園廠在一九〇八至一四年間進行激進實驗時會是什麼樣的情況。這個時期的最初，福特打造汽車的方法合情合理。運用數十年來盛行的工藝製法，他讓工人圍著靜止的車輛站立，鎖上及裝上零組件，由機械台來來回回攜帶補給品。這種生產汽車的方式符合人們一直以來生產複雜物品的方法：固定地點，一次一件。

對比之下，福特初期的組裝線必然造成員工們的噩夢。這種方式完全不自然。舉例來說，它需要更為複雜的機械，而機械又容易故障。由成堆的保險桿拿起一個走到靜止的車輛，是個簡單、可靠的流程。整組車架在可變速的絞盤系統上移動到工人身邊，工人再裝上保險桿，則是更為複雜的方式。

接著是定製工具。可以快速執行精準任務的專門工具，是得以實現持續生產的原因之一。舉例來說，福特發明一種鑽孔機，能夠同時在一座引擎本體打出四十五個孔洞。然而，定製工具的問題在於很難連續操作。可以想像，在初期那幾年，高地公園廠有許多令人沮喪的停工時間，用來調整與維修這些笨重的器具。

組裝線的另一個惱人現實是，流程中任何階段的一個失誤，例如某個安裝步驟花太長的時間或者某個零件沒有及時送達，都可能導致生產中斷。初期組裝線在解決這種問題時，停工必然很常見。想像你由穩定可靠的工藝製法，轉換到三不五時被迫完全中斷工作的製程，會有多麼挫敗。雪上加霜的是，組裝線亦需要增聘經理人與工程師來監督。這不僅更煩人，營運起來也更昂貴！

總結來說，福特最初使用可靠、直覺式流程來生產汽車，後來替換為運作成本更高、需要更多管理與費用，不僅完全不自然，還經常故障、有時導致生產嚴重拖延的系統。這一切都不容易、也不好理解。如果你是那個時期福特的經理人、員工或投資者，你或許偏愛安全一些、不那麼干擾的調整，把耐用可靠的製法改得稍微更有效率即可，類似於倡導更佳的電子郵件禮儀。

當然我們現在知道，這些疑慮是多餘的，因為組裝線後來讓福特汽車公司成為全世界最大、最賺錢的公司之一。在工業生產，我們早已接受這些故事，因為當我們想到工廠時，可以理解其目標不是要方便或簡單，或是預防壞事偶爾發生，而是要盡可能以具有成本效率的方法去製造產品。

確實，如果你去讀二十世紀管理文獻，專家們都會稱讚藉由忍耐更高的複雜性以達成更高的功效。在一九五九年的著作《明日的地標》（*Landmarks of Tomorrow*），杜拉克讚許說，在應用研究者與工程師的率領下，「穩定邁向改進、適應及應用」，促使企業得以更快的速度製造又新又好的產品。同樣地，在詹姆士・麥凱（James McCay）的企管經典巨著《時間的管理》（*The Management of Time*，暫譯），亦出版於一九五九年，麥凱認為現代世界的領導人必須具有能力去不斷實驗如何完成工作，同時堅定地處理衍生出來的複雜性：

可以解決加速創新所產生的複雜問題的人，將成為關鍵人物……他具有非凡的原創性。他自律甚嚴，不斷學習新知識與技能。他提出新生產概念、行銷概念與金融方法。

在現代知識工作，我們大多已不再想要大膽前進，把各種辛苦當成是改善工作方式的代價。我們仍然談論「創新」，但是這個名詞現在幾乎只用在我們提供的產品與服務，而不是我們的生產方法。有關生產方法，企管思想家往往專注在次級因素，例如更好的領導或更清楚的目標，以協助刺激生產力。很少有人把注意力放在如何指派、執行與評估工作的實際方法。

專注於次級因素，並不是因為知識工作領導者的怯懦，主要是先前討論過的自治陷阱所造成。任由個人決定知識工作者工作**方法**的細節，其自然後果便是造成眼前便利至上的工作流壕溝。然而，一旦我們跳脫這個陷阱，開始有系統地重新思考我們的工作方式，我們會邁向長期的改進，雖然途中無可避免會造成短期不便利。如同我的工業史討論所希望強調的，你無需害怕這種不便利。在商業世界，好不等於容易，實行不等於便利。在內心深處，知識工作者希望感覺自己是在生產重要產出，全力發揮自己培養出來的技能，即便這意謂著他們發出的訊息無法總是得到快速回覆。

題外話：組裝線對工人來說不是很糟嗎？

構思本書的初期，我參加了一場家族婚禮。在預演的晚餐，我開始和一名親戚聊天。他想要知道我最近在做什麼，於是我跟他說了這本書，順便測試一下我對於組裝線與重新思考知識工作相關性的想法。我仍然記得他所回答的每個字：「那聽起來很糟。」

把組裝線當成正面範例的問題是，曾實際在組裝線工作過的經驗都不正面。歷史學家約書亞．佛里曼（Joshua Freeman）在其二〇一九年的著作《巨獸》（*Behemoth*，暫譯）中表示，當我們在思考組裝線提升生產力之時，我們太過看重處理材料的效率。其中的增長有許多其實是源於「純粹強化工作」。如果你片刻鬆懈專注力，便可能中斷整條組裝線——迫使工人們陷入一種既無聊又要持續專注的不自然組合。以前，腓德烈・溫斯洛・泰勒曾拿著碼錶去測量工人的表現，給那些動作快的人提供獎勵。亨利・福特不用泰勒的方法，而是讓快速成為唯一的可能。「對組裝線工人來說，工作辛苦、一成不變，」佛里曼寫道。「組裝線工作在生理與心理上的消耗，是其他種類勞動所沒有的。比起以往，工人成為機械的延伸，聽憑其需求與步調的吩咐。」

一九三六年，查理・卓別林（Charlie Chaplin）在他的經典電影《摩登時代》（*Modern Times*）裡諷刺這項黯淡的現實，劇情是他所飾演的小流浪漢努力要跟上速度愈來愈快的組裝線。他拿著兩把扳手，待零件通過時要扭緊螺絲。工頭將組裝線的速度加快，卓別林的動作愈來愈瘋狂，最後還趴到輸送帶上，徒勞地企圖跟上迅速通過的零件。他滑進溝槽，最後掉到工廠的巨大齒輪之中。卓別林在參觀福特的一座工廠之後不久，便製作了這部影片。

大家普遍覺得組裝線工作不人性，正是我那位親戚有那種負面評價的原因。他想像知識工作的未來是我們變成數位時代版的《摩登時代》，以前是瘋狂扭緊螺絲，現在則是瘋狂打字，其結局仍是我們被生產力機械壓扁。這是人們對專注力資本原則常見的擔憂，可是當我們參考執行這項原則的具體個案研究，我們所擔憂的苦役並未發生。就以狄維席的行銷公司來說，由雜亂的電子信箱轉移到有組織的專案看板，並不表示轉移到更為單調或缺乏人性的工作。說起來，這項改變正好帶來相反的效果。與福特推出組裝線的情況恰好相反，在狄維席改革工作流**之後**，狄維席的員工發現他們的職業生活較不艱苦，也更可持久。

接下來在第二部的個案研究，你會看到狄維席的工作流轉變所帶來的好處是常規，而非例外。當我們仔細檢視我所使用的組裝線比喻，便可看出它的道理。我以福特為例的目的並非強調他的工人打造汽車的**具體方法**之效率，舉例來說，組裝一座磁電機與設計行銷策略之間沒有什麼實際關聯。我是要強調，實驗部署資本的不同方法極為有益——這項流程在工業與知識產業有著極大差異。如同杜拉克指出的，在知識工作，你必須保有技能型工作者的自治，讓他們決定如何實際運用他們的技藝。專注力資本原則需要你去實驗的是指派與評估這些工作的工作流。這些改變的目標是讓知識工作者更輕鬆、更持久地完成重要事項，而非強制工作者更快做更多事情——以需要腦力的工作而言，這種策略長期而言不太可能成功。

福特採取激進措施去重新思考如何讓工廠設備的產出增加。知識工作領導人則是需要採取激進措施，讓他們部署的人力增加產出。這項比喻應該於此止步。在福特的世界，工人們是不可或缺的，而在知識世界，人腦才是所有價值的來源。過動蜂巢思維早已使我們陷入數位版《摩登時代》，徒勞無功地想要跟上湧入速度愈來愈快的電子郵件。專注力資本原則可以幫助我們脫離這種悲慘。

實施改變時要尋求夥伴，而不是諒解

一九八四年末，時值三十五歲的山姆・卡本特（Sam Carpenter）買下一家營運不善的電話客戶服務公司。公司有七名員工和一百四十名客戶。他花了二萬一千美元入手。卡本特首先大膽地向所有認識的人宣布，「我們總有一天會成為美國最高品質的電話客戶服務。」如同卡本特在其二〇〇八年著作《用系統工作》（*Work the System*，暫譯）中苦澀地指出，「事情未如預期中發展。」

原來，電話客戶服務事業很複雜。客戶經常來電，每通電話都是全新的問題，由醫療緊急事件到商業事件，每通電話都對接聽的人員提出各種要求。和許多小企業老鬧一樣，卡本特發現他的生活變成一場「毫無秩序的噩夢」，他每週工作八十小時，經常到處滅火。他賠掉房子和車子。他在辦公室架了行軍床，好讓兩個青少年子女睡覺。有一度，卡本特自己擔任午夜到早晨八時值班的唯一接聽人員。之後，從上午八時到下午五時，處理業務的行政工作。

當然，這不是長久之計。過了十五年，卡本特在生理上與財務上都一塌糊塗。直到此時，如同商業類傳記常見的，他有了一個「天搖地動」的領悟。明白自己的事業已走到了盡頭，卡本特鐵下心去實驗大膽的新方法。激起他下決心的思維如下：他的公司如同一座機器裝置，是由許多裝配所構成，以可預期的方式合作。他的問題，包括持續發生的危機、到令他喘不過氣的大量行政作業，並不是無可避免或環境使然，而是組成他公司運作的基本系統缺陷所造成。如果他可以明確設定每個系統，寫下其運作方式，遇到問題發生時加以優化，他便能夠讓組織順暢運作，而不需要總是親力親為。

卡本特列出公司業務中各項活動的清單，開始與相關員工研究一套正式的系統。他首先著手的是公司財務。以前他每週要花許多時間去支付帳單及兌現支票，包括經常跑銀行，這些都是重大的壓力來源。為了消除這種混亂，他替換為一套更有架構的開銷與營收記錄系統，並授權員工幫他去跑銀行。以前每週要花數小時，現在，他只需要花一點時間簽支票即可——他坦承連最後這項步驟也可以自動化，但他決定不那麼做，好讓他對開銷有更具體的了解。另一項新系統是把客服簡化，提供明確的指導原則，讓員工們得以直接處理大部分的服務問題，無需卡本特介入。這套客服中心員工接聽電話的基本作業流程亦嚴格編寫為規則，提供更為一致的服務（卡本特需要解決的員工表現問題也減少了），甚至連新員工訓練流程都大部分自動化，大幅降低員工異動所造成的複雜性。

「這一切的邏輯一清二楚、精緻完美，」他寫道。「我感受到以前從未有過的寧靜歡樂。直到今日，我仍記得那時的每個時刻。」卡本特的樂觀是有道理的。當他努力以清楚、優化的系統為基礎來重建公司，獲利首度出現成長。「我的個人收入……這麼說吧，已多過我需要的。」卡本特在他的網站寫道。更重要的是，他的工作時間由每週超出八十小時，減少到兩小時以下。以一些統計指標來看，該公司甚至達成卡本特當初的傲慢目標，成為美國營運中的一千五百多家客服中心的龍頭。

卡本特經營的並不是知識工作組織。因此，我們不應太過重視他為了改進客服業務而設立的系統之細節。他與我們的討論相關之處在於一項更為廣泛的成就：促使他的員工們大幅改變工作的方式。接下來的數章，將提供如何徹底重新思考工作流，以實施專注力資本原則的具體方法。在大多數案例，這些改變的影響將由你個人的職業生活向外延伸，進而影響到其他人的日常體驗，或許是你的員工、同事或客戶。這可能形成詭異的動能，因此，在我們前進到改變的詳細建議之前，我們首先要來談**如何**用可持久的方法來進行這些工作流的改變。卡本特的經驗可以幫忙我們達成這項目標。

有兩種方法可以運用專注力資本原則來影響與你共事的人。第一種是改變工作流，使得人們被迫更改他們**執行**自己工作的方式。舉例來說，狄維席把他的行銷公司工作流由電子郵件轉移到專案看板。他的員工現在需要登入 Trello，然後點擊卡片來溝通一項既定專案，而不只是寄送電子郵件。

第二種影響方式，是改變他人對你自己工作的**預期**。當你專注於提升你個人的工作流，便是這種情況。舉例來說，如果你在大幅更改你的工作方式之後，現在一天只檢視電子信箱兩次，你的同事就必須改變他們對你多快回覆信件的預期。

我們首先來討論第一種影響，因為這比較不易處理。這種影響也是我們最能向卡本特學習的。卡本特的書所宣揚的宗旨是，要讓受到新工作流程影響的人參與該流程的設計。該公司目前使用的流程，九八％是由員工撰寫，剩下二％由卡本特設計，但員工們亦「高度地」參與。以結果而言，他的員工在這些流程被「充分授權」。或許更關鍵的是，卡本特讓員工很容易促成進一步的改善。「如果一名員工對於改善流程有個好主意，我們會立刻修改，不會有官僚拖延。」他說明。他非常認真看待員工參與，現在他要求客服人員要提出至少十二項改善建議，才能領到年度績效獎金。

卡本特的方法在**控制點理論**（*locus of control theory*）上看來是合理的，這個人格心理學的次領域認為，人們的動機與他們覺得能否控制一項行動的最終成功有著密切關係。若你覺得對自己所做的事情有發言權（控制點落在內部），你的動機會勝過你覺得自己的行動受到外部力量控制的時候（控制點落在外部）。

假如你不遵循卡本特的模式，反而下令你的團隊採用全新工作流，事情就會出錯了。無論工作流有什麼好處，你可能無意間將團隊的控制感由內部轉移到外部，對動力造成打擊，而讓他們不可能長期堅持改變。反過來說，如果你的團隊成員參與建構新工作流，並且感覺到他們能夠在產生缺點時加以改善，那麼控制點便維持在內部，工作流便更可能獲得接受。

至於人們並不期待有自治權的職位，則不適用這項概念。舉例來說，以獨裁聞名的亨利·福特就是因為這樣，並不認為有必要讓工人們參與討論組裝線的好處與壞處。這也解釋了軍隊新兵訓練營——外部控制的典型——何以成功地迅速產生出募兵制的職業軍人：進入這項流程的新兵，信任這套經過時間考驗的系統將會告訴他們什麼是他們需要的。然而，我們都知道，自從杜拉克的前瞻理論以來，知識工作將永遠被定義為大量的自治行動。控制點理論因而必然會被套用：若是沒有必須使用工作流的人士參與的話，要急遽改變工作流根本不可能。

讓人們合作參與這些實驗，有三個必要的步驟。第一步是教育。你的團隊必須了解工作流與工作執行之間的差異，及過動蜂巢思維只不過是眾多工作流的其中之一，而且或許不是很好的一種。對許多知識工作者而言，電子郵件等同於工作，因此，你必須打破這種誤解，才有可能討論打破他們依賴蜂巢思維來做事情的習慣。

第二步是讓實際上必須執行新工作流程的人接受。為了達成這個目標，這些想法應藉由討論來產生。應該讓大家同意，嘗試新工作流是值得一試的實驗；且根據卡本特的例子，其細節應該清楚無誤地陳述，才不會讓人搞不懂究竟要如何執行。

第三步是進一步跟隨卡本特的例子，設定簡易方法，當發生問題時可改善新工作流程。保持內部控制點的最佳方法，莫過於授權你的團隊去改變不好用的地方。在實務上，你或許會訝異，實際提出來的改變建議很少。重要的是**能夠**進行改變，這提供一種心理上的緊急汽閥，抵銷掉你可能被困在新工作流的意外艱難之處、無法做好工作的恐懼。

那些脫離持續連線的過動蜂巢思維的人，通常也會設立緊急備援系統，以處理新工作流可能疏忽的緊急問題。想要真正做到備援，而不只是讓你重回蜂巢思維的後門，這種系統一定要形成足夠的摩擦，這樣你才會僅僅在情況危急時使用。典型的例子是使用電話作為萬全的退路：如果發生十萬火急的事情，正式的工作流無法及時處理，你的同事可以打到你的手機。這些備援系統可讓人安心，不會發生什麼太糟的事情，讓你來不及發現與修改新流程的缺點。

現在，我們把注意力轉移到應用專注力資本原則對他人所造成的另一種影響：改變他人對你的行為的預期。如同先前解釋，當你改變你的個人工作流，不再每日跟隨過動蜂巢思維無可預測的通訊起舞，就會是這種情況。這種轉變可能對你的同事與客戶造成明顯的差異，最顯著的是你不再隨時回覆電子郵件或即時通訊。換言之，別人將必須改變和你共事的預期。

處理這些個人工作流變更的一個常用方法是，對同事清楚說明新方法的架構，或許再加上邏輯無懈可擊的解釋，解釋你為何做出這些改變。一個著名的具體案例是提摩西．費里斯（Timothy Ferriss）在其二〇〇七年暢銷書《一週工作 4 小時》（*The 4-Hour Workweek*）所列舉的電子郵件自動回覆信件：

您好，朋友〔或可敬的同事〕，由於工作負荷過高，我現在一天只檢視及回覆電子郵件兩次，分別在中午十二時及下午四時。

如果您需要緊急協助（請確定是緊急的），無法等到中午十二時或下午四時，請聯絡我的手機 555-555-5555。

感謝您體諒這項提升效率與效益的舉措。這讓我得以完成更多工作，進而為您提供更好的服務。

祝好

〔你的姓名〕

拜費里斯的書大賣之賜，有兩年的時間，全球數萬知識工作者開始收到來自他們的「生活駭客」同事的不同版本自動回信。由理性觀點來看，這項策略是有道理的：它重新設定預期，好讓寫信給你的人不會猜想他們何時可以收到你的消息，並且提出這項改變的強力理由；它簡潔、清晰、很難反駁。所以才會有那麼多人一看到便很感興趣。然而問題是，收到這種自動回信的人其實很不悅。

我們很難說出人們到底惱怒的是哪一點——或許是格式太過冷漠，不小心便令人覺得你太自以為是，也或許是它讓人覺得寫信的人想要矯正收信者的不良工作習慣。無論具體理由為何，費里斯的粉絲後來明白，這項小技巧並未如他們希望的管用。小道消息是，比起費里斯的書甫出版的高峰期，現在這些自動回信似乎少很多了。它們是很好的抽象概念，但在真實世界應用的摩擦之中劣化了。

這項個案研究的教訓是，你必須留心如何公開個人工作習慣的改變。這些年來，我觀察過許多個人企圖抗拒或改變他們對過動蜂巢思維的依賴，我本人也曾多次嘗試過這種改變，方才領悟到這些實驗最好是悄悄進行。不要公開你的新工作方法的細節，除非有人真心好奇而特別問你。甚至不要提供新的預期，例如「我通常要在早上十時之後才會收信」，或是「我一天只看電子信箱幾次」。這會造成一些縫隙，讓懷有質疑的同事、客戶或老闆開始見縫插針。（「萬一我在那之前需要你的緊急回覆呢？不行，我一點也不喜歡這樣，我覺得你需要加強訊息管理。」）同樣地，如果你養成請人體諒的習慣——這是時常被建議的方法——你身邊的人便會常常質疑你的工作策略不良，不然的話，是什麼要讓你不斷請求體諒呢？

改變他人對你的工作預期的較好策略是，持續做好你保證的事，而不是一直解釋你的工作方式。做個從來不搞砸事情的人，而不是只顧及自己生產力的人。如果有人對你發出請求，無論是透過電子郵件或者在走廊上談話，務必要加以處理。不要遺漏事情，如果你承諾在某個時間之前做好什麼事情，便要趕上最後期限，不然就解釋為何你需要更改期限。如果人們信任你能處理好他們交給你的工作，他們通常都不會介意沒有馬上接到你的回信。反過來說，如果你經常爽約，別人便會要求快速回覆，因為他們覺得必須盯緊你，才能確保事情做好。大學教授及商業書籍作者亞當・格蘭特（Adam Grant）以「性格信用」（idiosyncrasy credits）一詞來形容。他解釋，你做事情做得愈好，便愈能在做事情的方式上取得個人自由，並且不會被要求說明。

改變個人工作流的另一個問題來自於系統介面。假如你要設立接下來章節將討論的先進工作流系統，就必須構思如何讓以前總是用快速訊息來吸引你注意力的人，在這些較有組織的系統上與你互動。

有關這方面，我們可以向ＩＴ支援世界學習。如同本書稍早談到，二十多年前，ＩＴ支援人員開始使用所謂報修系統，整理他們在內部需要解決的技術問題。這些系統會為每個問題開立一張**報修單**。關於問題的所有對話與註記都附加在報修單上，一目了然。

ＩＴ人員很快便明白，要求報修者直接在報修系統的介面互動是白費力氣；舉例來說，請他們登入一個指定的支援網站以建立與追蹤報修單。理論上，這或許是處理這些問題最有效率的方式，可是許多組織中的現實是，大多數人不願忍受多費功夫。這個問題的解決方式是設定**無縫介面**（seamless interface）。在大部分的ＩＴ設定，你現在可以用最自然的方式提交一個問題：寄一封電子郵件給一個通用信箱，例如「維修@公司名稱.com」。大部分的報修系統可以設定為直接收信，然後轉成報修單，放進系統收件匣等待處理。ＩＴ人員處理一張報修單時，系統便會自動寄送維修進度的電子郵件給報修者。與 IT 互動的人不必知道這套報修系統。他們只需寄出一封電子郵件，以及接收維修進度的回覆信件。然而，在內部其實是更有組織的運作方式。

這項教訓可運用在你用以組織個人工作流的系統。不必要求與你共事的人了解你的新系統或者改變與你互動的方式。而是在可能的情況下，設立一個無縫介面。我可以用自己在大學授課的近期經驗來說明這個方法。寫作本書原稿的那一年，我輪值擔任喬治城大學電腦科學系的研究所所長。這項職位的職責之一是主持研究所委員會，督導我們的研究計畫，包括核准政策的改變與回覆詢問。

你或許以為，這將造成大量問題而需要我負責去處理。仿效狄維席的方法，我在內部設立一個 Trello 看板，協助因應這些要求。我的看板有如下的欄目：

□等候處理

□等候處理（具有期限）

□下次研究所委員會會議討論

□下次與系主任開會討論

□ 等候某人回覆
□ 本週處理

如果有人寄給我一封電子郵件，或者到我辦公室來講有關研究計畫的問題，我立即把它寫成一張卡片，放到 Trello 看板的相應欄目底下。

每一週開始的時候，我會檢視這個看板，適當調整卡片：例如，決定我本週要做什麼事情，或者接下來的會議要討論些什麼。我也可以追蹤我在等候別人回覆的事情。我的規則是，當我把一張卡片移到新欄目，我會寄出一封電子郵件，知會當初跟我提出這個問題的人。舉例來說，如果我把一件事情由「等候處理」移到「下次研究所委員會會議討論」，我會寄信給相關人員，通知他們，我們很快將討論他們的問題。如果我完成任務而從看板移除一張卡片，我也會通知相關人員最終的解決方案。諸如此類的。

這套系統的主要特性是，我系上的教授們和研究生都不知情。我猜想我可以試著堅持他們都登入我的 Trello 看板，去提出新問題或者檢視舊問題的狀況。理論上，這可以幫我省掉一些郵件，但實際上，沒有人會真的那麼做——我不能責怪他們！我花大約三十分鐘，一星期一次，來整理我的看板及寄送更新的訊息。我藉由清晰整理這些議題而獲得巨大好處，而由於我只多花了一些時間讓我的介面保持無縫，我的同僚亦能享受這些好處。

乍看之下，我對組織運用專注力資本原則的建議，似乎與對個人建議相互矛盾。前者的重點是需要清楚溝通替代過動蜂巢思維的工作流，而後者則是建議你將這些改變保持隱私。不過，仔細來看，這兩種方法都是根據同一個原則：人們不喜歡他們無法控制的改變。

在修改一整支團隊或組織的工作流時，大家都可以涉入這項改變，並覺得有能力去改善它。如同先前討論，這可以讓人覺得控制權掌握在內部，激勵人們堅持這些改變。相反地，當你改變個人工作流，與你合作的人無法對你做出的決定置喙。假如他們面對一套影響到自己工作的新系統、卻無從發表意見，那麼他們會覺得失去控制權而不悅，並想要抗拒及取回一些控制權。他們不會稱讚你的智慧型自動回信系統，反而會設法破解施加於他們身上的限制。

這裡牽涉的心理層面或許有些微妙，可是，假如你希望成功擴大你的專注力資本，就必須嫻熟才行。工作不只是把事情做好而已，而是對於人類性格亂七八糟的組合，試圖理解出如何成功合作。接下來的三章將提出明確的策略，以更有效率的工作流來取代過動蜂巢思維。不過，如果你對長期付諸實施的微妙藝術不夠熟練，這些詳細方法的價值將被大幅減損。

第五章
流程原則

流程的力量

寫作本書的初期，我正在喬治城大學羅英傑圖書館（Lauinger Library）的書架深處，查閱一排沒什麼人在用的書，都是一些剖析工業工程的書籍。我發現了現已停刊的二十世紀早期商業雜誌《系統》（*System*）中的一系列報導，該刊物專門報導新「科學性」管理方法的個案研究。這些報導千篇一律在熱烈宣揚，工業機構更有系統地思考他們的實際經營方式之後，將會賺到更多、更多的錢。沒多久便看出來，這些報導對現代讀者而言相當枯燥乏味。這個領域的科學性管理似乎大多是要填寫三聯一式的表格。《系統》雜誌熱愛表格。在報導裡，你會看到表格的圖片，學習用色、如何打孔、甚至是放表格的文件夾材質（牛皮紙袋最好用）。

然而，隱藏在這些枝微末節當中，有本一九一六年發刊的雜誌裡的個案研究引起我的注意。它的主題老掉牙到可以上諷刺漫畫了：提升普爾曼（Pullman）火車車廂公司卡魯梅湖工廠銅製品作業的效率；這個大型園區位於芝加哥南方十四英里處。可是，這篇在普爾曼總裁約翰・隆奈爾斯（John Runnells）的指導下所撰寫的報導，意外地相當現代化。普爾曼的三十三個部門大多依賴銅製品作為主要零組件，因此大約三百五十名在鑄造廠工作的人員，以及打造銅製品的工具機一直都很忙碌。這篇文章解釋，統整這些工作的系統有個問題，就是它根本算不上是系統，只是「破爛方法」的大雜燴而已。

銅製品部門僅有七名經理人可以協助處理源源不絕的工作要求。當然，這些經理人不勝負荷。於是，大家都在私底下參與管理工作流。「廠內各處，總有人投注自己的一些時間來協助這七名主管，」文章指出。「各種計畫都是隨地完成。幫忙的人因為這些干擾而做不好自己的工作。」文章表示，工廠其他部門的工人時常跑到銅製品部門，一整天守候，纏著他們認識的人員，直至拿到他們需要的零件。

換言之，在二十世紀的頭數十年，普爾曼銅製品部門便已發展出極為類似過動蜂巢思維的工作流。然而，不像今日因類似非正式工作流而受苦的許多知識工作組織，普爾曼的領導者沉浸在科學性管理的興奮情緒之中，願意去實驗激進的解決方案。

為了讓銅製品部門更有效率，普爾曼的高層做了一件反直覺的事：他們把運作變得更複雜了。假如你需要某個銅製品，現在你必須提出一份正式表格，寫上所有相關資料。為了防止員工們規避這項流程，改走非正式但更方便的糾纏工人老方法，他們真的把門鎖上、遮住窗戶。你現在別無選擇，只得使用新實施的「正規管道」。

申請表格投進專用收件口之後，便進入一項嚴格的程序。一名辦事員會負責想出完成這項工作的合理計畫，包括需要哪些原物料、需要多少工時來完成。計畫細節再行通知相關單位，以確保及時執行。這項流程到此開始變得複雜，但也很有趣。利用辦事員大軍，普爾曼銅製品部門似乎複製了今日我們點擊一下電腦應用程式便可立刻做好的許多任務，像是實施某種蒸汽龐克（Steampunk）ＩＴ系統，由一步一步的指示與無盡的表格在辦公桌與辦公桌之間傳送所組成，如同現代網絡的封包。他們甚至打造了特製硬體，我最喜歡的例子是一個實體試算表系統，一大塊木板區分為網格，放上銅質標籤，讓工作規劃人員可以迅速「對照索引」，了解目前工人指派到機器的情況。

為了實施這項比較有組織的工作流，隆奈爾斯必須花更多錢。以前是七名經理人管理三百五十名銅製品工人，如今是四十七名經理人。「經常費用大幅增加，」文章中坦言，這些新任經理人一年的薪水是一千美元左右，大幅增加該部門的薪資成本。「可是，值得嗎？」文章提問。「當然值得。」新流程讓每節火車車廂的生產成本減少一百美元，不僅彌補額外開銷，同時創造了「龐大獲利」。

這篇報導解釋為何額外的開銷反而增加了獲利。以前的流程——其實根本不算流程——讓實際創造該部門重要產出的三百五十名工人，不斷往返於非正式管理工作流與實際執行工作之間。這種「令人挫折」的雙重職責，明顯拖延他們真正的工務，減少該部門由第一線工人獲得的回報。

在重整工作流以大幅削減這種雙重職責之後，同一批工人用同樣時間可以生產更多銅製品。「以前缺乏方法，不利於提升生產標準，」該篇報導結論指出。「可是，系統化立即顯示品質驚人地提升；工人們得以專注，而產品本身證明了其結果。」

隆奈爾斯這樣的工業生產力駭客在二十世紀初的數十年逐漸明白，要有效率的不僅是實際製造產品的行動。同等重要的是，你如何協調這項工作。換言之，普爾曼銅製品部門的問題，不是工人不擅長鑄造打磨銅製零件，反而是指派與組織這些工作的方法。

如同許多基本觀念，這種新思維花了一陣子才在工業界生根。當腓德烈．溫斯洛．泰勒，科學管理革命之父，於一八九〇年代末開始成名時，這項運動的重心都放在生產行動本身。這個年代造就了泰勒主義顧問的嚴酷形象，手持碼錶，試圖消除工廠樓板上的所有多餘行動。泰勒本人因為在一八九八至一九〇〇年與伯利恆鋼鐵公司

（Bethlehem Steel）合作而出名，在各種改進項目中，他最聞名的是更換了工人用以搬運礦渣的鏟子款式，提高他們把原料由這堆運到那堆的速度。普爾曼在這個時期蓋工廠時，整合了許多這樣的主意。隆奈爾斯提到，銅鑄造廠精心設計為寬闊的走道，工具成列排放，以提升工作的效率。不過，他們發現到，只是專注於實際生產力並不足以讓該部門順利運作。

普爾曼個案研究於一九一六年發布，在泰勒死後一年，《系統》等雜誌逐漸把注意力擴大到人力勞動相關的資訊和決策。該雜誌的重點不在於更好用的鏟子，而在於更好用的表格，以了解需要做多少搬運的工作。具體來說，我們將使用**生產流程**（production process）這個名詞，來討論實際製造工作與組織工作的各種資訊與決策的總合。那篇一九一六年報導所展示的生產流程思維席捲工業管理界，成為了核心觀念。舉例來說，在其一九八三年經典企管書籍《葛洛夫給經理人的第一課》（*High Output Management*），前英特爾（Intel）執行長安迪．葛洛夫（Andy Grove）在前兩章專門解釋生產流程思維。他指出，缺乏這種架構的話，你就只剩下一個提升生產力的選項：思考如何讓人們「工作得更快」。然而，一旦你從整個流程來看，便浮現一個更為強大的選項：「我們可以改變執行工作的本質。」他呼籲優化流程，而不是人們。

我們回到本書的主題：知識工作。在這個產業，我們頑固地抗拒工業管理界的觀念。我們大多無視流程，將精力投注在如何讓人們工作得更快。我們執著於僱用及晉升明星。我們尋找領導顧問來幫我們鼓舞人們工作更長的時間並更努力。我們擁抱智慧型手機之類的創新，讓我們有更多時間被工作占滿。我們在公司園區設立乾洗店，在公司交通車上安裝 **wi-fi**，用比喻來說，這些服務都是為了找到更快速的方法來搬運礦渣。

可想而知，這套完全不管用。

本章的核心主張是，生產流程思維同樣適用於知識工作，如同適用於工業製造。你是用大腦生產事物而不是用雙手，並不會改變這些活動仍需要協調的基本事實。組織誰去做什麼事的決策，以及找尋有系統的方法在途中檢視這些工作，這些不管是對

構想電腦程式碼或客戶提案、鑄造銅製品，都是同樣重要。

在知識工作，你或你的組織固定生產的重要成果，可被視為生產流程的產出。如果你是一家行銷公司，為客戶進行宣傳活動，你的公司便有一項宣傳活動生產流程。如果你服務於一個解決薪資問題的人資團隊，你的團隊便有一項薪資問題解決方案流程。如果你是一名教授，教導的課程需要你指派與評分作業，你便有一項作業的相關流程。

接下來，我將主張，如果知識工作者承認有這些流程存在，然後釐清與優化其運作，那麼他們將會發現跟普爾曼銅製品廠相同的結果：提升的生產力將彌補並遠遠超越額外開銷。若比較成本與益處，其結果通常是「龐大獲利」。當然，問題是，知識工作者鮮少這麼思考：他們專注於人們，而不是流程。結果而言，知識產業偏好把這些流程模糊帶過，並依賴過動蜂巢思維工作流這種非正式的方式進行工作。

當然，這種迴避流程的一項主要解釋是，我們先前探討過知識工作者堅持的自治權。就定義來說，生產流程需要設定協調工作的規定。而規定會降低自治權——與杜拉克要求知識工作者「必須自我管理」的信念產生矛盾。然而，人們討厭流程，不只是對於自治權的偏見而已。知識工作者有一種信念，隱隱認為這個產業缺乏流程不只是自我管理的必然副作用，實際上是一種**有智慧的**工作方式。大家認為，缺乏流程代表著靈活與彈性——我們經常被耳提面命要跳脫思想框架，它正提供了基礎。

這種看法基本上是盧梭學派的，也就是來自十八世紀啟蒙運動哲學家盧梭（**Jean-Jacques Rousseau**），他認為在受到政治影響之前，人性本善。這派理論認為，知識工作者只要被允許以自然方式工作，便會無縫適應他們面對的複雜情況，產生原創解決方案與改變全局的創新。在這種世界觀中，縝密編寫的工作流程太過人工：它們腐壞了伊甸園式的創造力，導致官僚與滯緩——就像是《呆伯特》（*Dilbert*）漫畫成真。

多年來研究知識工作者生產力的曖昧性質，我認為這種看法大錯特錯。若是按照啟蒙運動哲學，知識工作的現實其實比較接近霍布斯學派，也就是湯瑪士・霍布斯（**Thomas Hobbes**）的理念，他最初在《利維坦》（*Leviathan*）詳述，若無國家的限制，人類生活將是「污穢、野蠻及短暫」。當你把工作回歸自然狀態，放任流程非正式展開，其所導致的行為絕非烏托邦式。如同我們在實際自然環境中所觀察到的，在採取非正式流程的職場，會出現優勢階層。如果你粗魯又難相處，或者是老闆的愛將，你便可以像獅群裡最強壯的獅子，避開你不喜歡的工作，怒瞪想把工作丟給你的人、無視他們的訊息，或者宣稱自己工作量過重。反過來，假如你比較講道理又好相處，你會落得工作量過重，超出一個人可以處理的合理程度。這些是令人沮喪又無效率地部署專注力資本的環境。可是，若無反制力量，這些階層制度往往是無可避免。

同樣像是自然環境，沒有善加設定流程的職場，節省力氣變成優先事項。這是基本人類天性：如果沒有協調辛苦工作的架構，我們本能不會想花費超過必要的力氣。大多數人一有機會，都會出於本能行事。寄到收件匣的電子郵件，非正式地代表你需要處理的新責任；由於沒有正式流程來指派工作或是追蹤進度，你便尋找最簡單的方式去推卸責任，即便只是暫時的，因此你馬上寄出回覆，要求對方再說清楚一點。一場扔燙手山芋的遊戲於焉展開，信件寄來寄去，每封信都短暫地把責任轉移到他人信箱，直到逼近最後期限，或是被惹火的老闆終於喊停，大家於是在最後一刻手忙腳亂地趕出勉強可接受的成果。這顯然也是超級沒有效率的工作方式。

換言之，設計良好的生產流程，並不是有效率知識工作的阻礙，反而時常是一個前提。我們因此要來談到本章將詳細說明的原則。

> **流程原則**
> 在知識工作採取有智慧的生產流程，可以大幅提升績效，工作起來也較不疲憊。

想要克服過動蜂巢思維工作流的缺點，我們必項拋棄盧梭學派的樂觀想法，以為知識工作者被放任在自然狀態便會成長。為了盡量運用我們的專注力資本，我們需要流程，不論組織或個人知識工作者皆如此。再重申一次，我講的流程不是試圖把知識工作的技能與動能降級至亦步亦趨的指示。我們在前一章談到，本書倡議的改革聚焦在協調知識工作的**工作流**，而不是技術性的工作**執行**。我們討論的生產流程也是這樣，它是為了整理誰在做什麼事，而非指定這些工作要怎麼做的細節；也就是說，把無止境的蜂巢思維通訊替換為指導原則，讓知識工作者可以把更多時間用於工作，而不是談論工作——就像隆奈爾斯重整銅製品廠的流程一樣。

本章接下來將探討在你的知識工作組織、或是個人專業生活建立智慧生產流程的一些想法。按照慣例，我們首先要提供一個具體的個案研究，作為之後討論的參考。在這則個案，我們將研究一家十二人的媒體公司，他們利用流程原則將獲利極大化。

個案研究：優化優提麥員工

優提麥公司（Optimize Enterprises）是一家媒體公司，其業務是自我提升的內容。該公司的核心產品是訂閱服務，提供每週的深度書籍總覽，以及每日的課程短片。你可以透過網站或手機 app 來使用服務。優提麥最近亦開設教練訓練課程，意外大受歡迎。上千名教練報名參加第一輪的訓練，單是一輪就要三百天。該公司僱用十二名全職團隊成員，隨機搭配八到十二名兼職約聘人員。優提麥沒有實體公司總部，亦即團隊完全遠端運作。在接受我為本書所進行的訪談時，創辦人兼總裁布萊恩・強生（Brian Johnson）向我表示，該公司即將締造二百五十萬美元的年度營收。

強生的公司引起我興趣的原因不在於其規模或產品提供，而是其營運方式。強生在我們對談一開始就說：「我們完全不用電子郵件。絕不。團隊成員之間絕對不會有電子郵件。」雖然他沒有使用這個名詞，強生和他的團隊因為採取生產流程思維，得以避開過動蜂巢思維。由於他本來就討厭受干擾與瞎忙，強生和他的團隊井然有序地將他們的工作拆解為可以明確陳述及（充分）優化的流程，把用於有效工作的時間擴充到最大，同時把切換工作與收信的時間減少到最低。「我們的團隊絕對堅持單一任務處理，」強生對我表示。「一次做一件事情就好。」

舉例來說，優提麥有一項較為複雜的流程，是製作每天早上需傳送到多個平台的每日課程影片。製作的工作量龐大。強生負責實際構想與撰寫課程。他亦負責主講課程影片。除此之外，其他工作包括：課程的字幕需要編輯，影片需要拍攝、剪輯，要在正確時間把所有東西發送到數個平台。執行這些步驟大約需要六個人。

在許多組織，維持這種內容製作機器運作所需要的龐大互動量，或許必然會造成沒完沒了的緊急電子郵件或過動 Slack 對話。但在優提麥不是這樣：這些年來，他們已建立一套生產流程，去除幾乎所有非正式互動，讓參與者幾乎百分之百專注在實際執行工作，好讓高品質內容的通路維持流暢。

這個流程由共用的試算表展開。強生有了一堂課的靈感時，他便在試算表上列出一個主標與副標。每一列都有個**狀態**欄，強生設定為「靈感」，標註為仍在最初開發階段的課程。等到強生著手撰寫課程時，他會上傳到公司 Dropbox 帳戶的共用目錄，然後將試算表中的這堂課程那列附加一個草稿的連結。此時，他會把狀態更改為「可以編輯」。強生的編輯並不直接和他互動，而是查看試算表。編輯看到一堂課程可以編輯時，便下載、轉為合適格式、編輯，然後將可以上線的文字檔放進後製的 Dropbox 檔案夾。

此時，編輯將該堂課程的狀態變更為「可以拍攝」。強生家裡有一間攝影棚可供拍攝課程。他和拍攝團隊有一個既定日程表，註明每個月有哪幾天要錄製大量的課程影片。當人員抵達時，對於要拍攝哪些內容毫無疑問：目前在「可以拍攝」狀態的課程全都要拍。結束拍攝日之後，人員會上傳原始檔案到編輯流程的 Dropbox 共用目錄。這些課程在試算表上的狀態如今又再變更，顯示它們已經可以編輯了。此時，優提麥的影片編輯會從目錄下載影片，透過標準處理讓它們可以播放，然後再上傳到共用的後製檔案夾。這些課程的狀態會變更為已經可以播放，選定播放日期之後，便放到相關的欄位。

最後一步是在預定播放的日期，釋出課程的書面與影音版本。由兩名內容管理服務（CMS）專家執行最後這一步。他們監看試算表，看哪些課程要在哪些日期播放。他們由後製目錄下載內容，利用CMS平台排定播放。等時間到了，由強生腦中發想靈感的課程，便會在優提麥網絡上線播出。

我對這項生產流程的訝異之處在於：它協調了一群遍布世界各地的專家，完成在急迫的每日日程下、播放高完成度多媒體內容的壯舉——而且甚至不需要一封未預先安排的電子郵件或即時通訊。參與這項流程的知識工作者無一需要收信或看訊息。他們幾乎百分之百的時間都投注在執行他們受過專業訓練的工作，等他們做完工作，就沒事了——沒有需要查看的，沒有需要緊急回覆的。

持平而論，媒體製作是一件架構清晰的工作。許多知識工作者面對的，則是無定形且不斷轉變的需求。為了理解如何以流程來因應後者，我請強生為我說明他的公司一名高階主管的典型工作日——這名主管負責監導多項一次性專案，以及定期製作原創策略。強生解釋，上述主管的日程是每天一開始，不受干擾地深度工作三小時，期間不接受「一丁點打擾」。這段時間是用來讓這名主管專心思考他的專案，縝密決定如何推動工作、接下來要做什麼、需要改善什麼，以及需要忽略什麼。

唯有在這段早晨時間結束後，他才會把專注力轉向管理他手上的專案。為了使專案管理更有系統，優提麥運用一項線上合作工具，Flow。在其單純無比的格式中，Flow可以讓你追蹤與專案相關的任務。每項任務以一張卡片代表，可以指派給特定人員及設定最後期限。相關檔案與資訊可以附加在卡片上，進行這項任務的人員可以利用其討論工具，在卡片上以虛擬論壇方式直接對話。最後，這些卡片可以移動，放到不同欄目，每個欄目分別標示為不同的任務種類或狀態。

類似前一章個案研究提到狄維席的行銷公司對Trello的使用，這些在虛擬看板上排列的虛擬卡片，成為專案工作展開的中樞。相較於讓所有公務通訊流經綜合用途的電子信箱或頻道，你現在是選擇進行一項專案，瀏覽它的頁面，檢視你被指派的任務。這正是優提麥那位主管結束深度工作時段之後所做的事：逐一檢視專案，有必要時加入這些以卡片為核心的對話，全盤了解事情目前的狀態。

在Flow檢查過這些專案之後，該名主管通常會跟他督導的不同團隊成員舉行一對一的FaceTime會議。這些對話是為了討論新措施或者解決進行中任務的問題。大多數專案都會每週固定開會一次，以協調每個人的工作及有效解決團隊的問題。這位主管參加這些會議，並將會議中做出的工作決策更新到相關的專案頁面。和優提麥的員工一樣，他的一天在下午四時到五時之間結束。強生堅持他的公司實施「數位日落」：他希望員工在合理的時間下班，以陪伴家人及放鬆充電。由於不需要檢查電子信箱，這名主管以及優提麥全體員工，直到翌日早晨都真的不必工作。

還有一些我從優提麥的流程學到的零星小事。雖然他們禁止內部郵件，卻會跟外部合作夥伴使用電子郵件來溝通。而他們在這些信箱的互動極有組織。強生表示，負責外部電子信箱的人員有「分散的時段」來檢視郵件，通常是一天一次。為了處理客服，優提麥使用 Intercom 這項工具來順暢流程，回覆最常見詢問以及防止用戶寫來的意味不明信件堆積在信箱。優提麥亦在每週一舉行全公司會議（使用視訊軟體）以協調業務。

或許最有趣的是——我第一次聽說時真的嚇一跳——該公司有在使用 Slack。強生解釋，他們使用這項工具的態度與常見的蜂巢思維聊天很不相同。由於優提麥核心業務需要的所有互動幾乎都已包含在明確的流程，沒有什麼需要在這些聊天管道討論。

這項工具主要用於兩項用途。第一是「慶祝勝利」：如果有人達成某件重要的事，無論專業或私人，他們可以在公司 Slack 分享。強生表示，這讓他們可以在線上互相「擊掌」，因為該公司沒有實體總部，必須有某種管道來進行社交互動。他們使用 Slack 的另一個用途，是在需要時排定實體開會日期。

優提麥的員工實際上是非同步使用 Slack，在工作之餘一天只查看一次或兩次。更頻繁地查看 Slack 並沒有意義，因為那上頭沒有什麼東西值得花時間。在典型的一天裡，優提麥員工可能只花了幾分鐘使用 Slack，或許傳一則加油文，或是提供一個時間好讓主管安排開會。

最後，為了協助這個以流程為中心的方法順利運作，強生堅持公司上下都要認真執行流程。他認為，這些流程是他們成功的關鍵。優提麥期待每個員工至少每天前九十分鐘要投入在深度工作，完全不受打擾（有些人，例如前述的主管，則花更多時間）。這個早晨時段的主要用途之一是思考流程，以及如何改善流程。如同強生向我解釋，要花時間才能想出如何完善地將工作流程相關的熱烈互動組織起來。他努力確保每個人把這件事列為優先。「你需要沒有訊息流入的時間，才能思考如何好好處理輸入的資訊。」他表示。這或許是優提麥最重要的流程：協助改善既有流程的流程。

誰在做什麼、如何做？有效流程的特性

假設你接受了挑戰，想要設計更好的知識工作生產流程。在這個環境下，如何讓流程有效率？我們不妨參考強生的優提麥公司用以製作每日多媒體內容的生產流程。強生在團隊共用試算表輸入一項新課程標題與副標之後，由初期階段到播放內容的所有步驟，全部都按照預先設定的階段順序來安排。在每個階段，需要完成什麼工作、哪裡可以找到相關檔案、誰應該去完成工作、完工之後的後續步驟等，都一清二楚。

優提麥處理較為多樣的一次性專案的流程，就無法完全仰賴預先設定的階段順序，因為這些專案各不相同。不過，整體工作流仍然相當有組織。誰在做什麼、目前做得如何等資訊，是用 Flow 專案管理工具來傳達。要增加哪些工作、要指派給誰去做等等的決定，則是在定期安排的會議上達成。如果你正進行其中一項專案，你的工作節奏是一目了然的。你到 Flow 去看指派給你的工作卡，然後埋頭苦幹，做好之後

就更新卡片。偶爾需要較為深入的討論或決策時，你會參加會議，這些會議的結果立即上傳到 Flow。這種以專案為核心的流程，同樣將工作通訊的時間減到最少，並且把實際用於生產力活動的時間擴到最多。

這些有效率生產流程的案例都具備下列特性：

1. 容易評估誰在做什麼以及做得如何。
2. 無需大量的未排定通訊，工作便可以展開。
3. 在流程的進展中，有明確的程序來更新任務指派。

以每日課程的案例來說，第一項特性呈現在共用試算表上的「狀態」欄，明確告知團隊每項課程目前在生產管路內的位置。第二項及第三項特性則呈現在預先設定的階段順序，清楚說明一項課程的製作輪到你手上的時候，你該做些什麼、等你著手時該到哪裡去找需要的檔案、當你做好之後該把檔案放到哪裡、這個階段完成後要做些什麼。

至於專案流程，第一項特性呈現在 Flow，這項工具提供很好的視覺介面，展示一項專案所有進行中的任務。每項任務上的小頭像表示誰被指派去負責。在進行這些專案時，你不會搞不清楚現在自己應該要做什麼。第二項特性則表現在運用 Flow 內建於任務卡上的合作工具，以及定期舉行的簡短現況會議。專案的通訊都限定在這些通路。最後，為了符合第三項特性，他們通常在開會時決定誰該去做什麼新任務，然後在 Flow 更新。

換句話說，好的生產流程應該盡量減少工作進行的模糊狀態，以及未排定的通訊量。請注意，這些特性都沒有限制知識工作者思索**如何**做好自己工作的自治權；重點仍在於協助工作。同時也請注意，這些特性不太可能導致僵化的官僚作業，因為他們提出的流程是為了**減少**實際創造價值活動的麻煩，包括環境轉換與時間。在高度系統化的優提麥公司中，員工覺得自己更有能力、更少壓力，好過那些被過動蜂巢思維工作流困住的人。

知識工作生產流程的主要問題是，它們往往必須為各別環境量身定製。舉例來說，適合優提麥的流程未必適合行動 app 開發公司，適合行動 app 開發公司的可能不適合個人會計工作室。考慮到這點，本章接下來將探討數種不同的最佳慣例，你在設計最適合自己情況的生產流程時可以參考。

卡片串：任務看板革命

有一位名叫艾力克的主管負責一個十五人團隊，在一家大型全球醫療保健供應商內部，他們像一家獨立新創公司般運作。他的團隊專門做數據分析。舉例來說，如果你是一名服務於這家供應商的研究員，而你獲得一筆撥款，用來進行一些複雜的數據分析，艾力克的團隊就可以幫你打造需要的分析工具。他們亦執行內部專案，協助該供應商更有效率地運作，甚至將其中一些解決方案獨立出來做為軟體產品。由於身兼多重角色，你或許料想得到，艾力克必須將團隊的時間分配給眾多不同的需求。

你一走進他的辦公室，便會立刻明白他是如何辦到的。一面牆上掛著三呎乘八呎的黑板。劃分成五欄：計畫、準備、分配、工作、完成。工作的那一欄又劃分為兩小欄：開發中、測試中。每一欄下方貼著成串的手寫字卡。如果你在艾力克的辦公室待久一些，就會看出一種模式。大多數早晨，艾力克團隊的專案經理人圍繞在他們慣稱的「大看板」前，討論上頭的卡片。他們一邊討論，一邊移動卡片：有的由一欄移到另一欄，有的則在同一欄裡調換順序。你不會看到這些專案主持人在討論時分心去收信。艾力克的團隊不愛用電子郵件（或是即時通訊）：他們把這種科技主要當成與外部合作夥伴互動的工具。他們要把事情做好的重要資訊就在他們眼前，貼在黑板上的手寫卡片。

我問艾力克他是如何避免蜂巢思維工作流，他向我解釋，辦公室裡的黑板不是他的團隊所使用的唯一工具。貼在大看板上的每張卡片都對應到一項專案。當一項專案進入工作欄，被指派該專案的人員會製作他們自己的看板，記錄完成專案所需要做的事。和大看板不同的是，這些小看板通常用軟體執行。艾力克的團隊偏好使用兩項在軟體開發界常用的工具，Asana 與 Jira，來製作這些數位看板。一旦展開一項專案，參與人員會自行定期開會以更新專案看板——討論卡片與重新安排位置。

舉例來說，我和艾力克晤談時，大看板上一張卡片標示的專案，是該供應商旗下一家醫院儲存嬰兒基因檢測結果所用的流程。當時，資料儲存在一個 FTP 伺服器。

艾力克團隊的任務是設法將這些資訊搬移到更具彈性的資料庫。他對我說明這項專案要如何推動：

> 我們獲悉這項專案。它成為**計畫**欄裡的一張卡片，排在另外三件必須先做的事情後面。等它到了那一欄的最上方，我們便會討論、提出詳細任務，加入 Asana 或 Jira。在大看板上，我們會把這張卡片移到**開發中**那一欄。

艾力克通常每天早上舉行這種討論。如果他的開發團隊全副精神都投入在專案——「火力全開」——他會暫時把這種大全景式的會議縮減至每週一次，直到有更多計畫要處理。

這是我們第三度遇到相似的模式：工作相關資訊排列為看板上的卡片串。艾力克

的團隊使用實體黑板與 Asana 執行的虛擬看板。優提麥公司依賴 Flow。前一章的狄維席則使用 Trello。

把任務張貼在看板上以組織工作並不是什麼新概念。例如，醫院急診室長久以來便依賴紀錄看板：白板分割為格狀，列出每位收治的病患，包括病房、指派的醫師或護理師，以及他們的檢傷分類等級。對於忙碌的人員來說，紀錄看板一眼便可看出急診室目前的狀況。它亦簡化新病人要安置到哪裡、醫師該去哪裡看診的任務。先前提到，即便是二十世紀初期的普爾曼火車公司都依賴看板。他們使用銅標放在木頭看板上，顯示銅鑄造工人分配到機台的情況。

近來，出現一種在看板上分配任務做為生產力工具的、更加洗鍊的新方法。在這種方法裡，看板切割為標示名稱的欄目，工作任務則排成垂直的卡片，放在最適合它們狀態的欄目。而就像艾力克大看板上的**計畫**欄，卡片串的順序顯示其優先程度。這是艾力克、狄維席與強生都使用的通用方法。

這種組織工作的方法源起於軟體開發界，過去二十年來他們逐漸接受使用所謂的**敏捷**方法以製作軟體。敏捷（agile）的基本概念最初出現在二〇〇一年由十七名軟體程式工程師與專案經理人共同署名的一份宣言。這份宣言的開頭樂觀表示：「我們已找到開發軟體的更佳方法。」接著列出十二條原則，每則都以簡明的用語解釋。「我們的最高優先事項是藉由及早與持續提供有價值的軟體來滿足客戶。」該原則指出。「精簡——最大化未完成工作量的藝術——是不可或缺的。」另一則如此說。

想要了解敏捷，你就必須了解它所取代的是什麼。軟體開發以往依賴繁複的專案計畫，異想天開地試圖預先想出製作大型軟體所需要的各種工作。這種計畫時常做成五顏六色的條狀甘特圖（Gantt charts），其概念是你可以確切知道每個階段要指派多少軟體工程師，並且提供給客戶一個準確的推出時程。這種方法在理論上可行，不過，除了最單純的專案之外，這些計畫幾乎從來沒有準確過。製作軟體不像是製作汽車：你很難準確估算不同的步驟需要多久時間，或是可能發生什麼問題。另外，客戶也未必預先知道他們需要的所有東西，因此開發中的功能可能匆忙改變，進一步干擾時程。

根據敏捷思維，軟體開發應該切割為比較小塊，才能盡快發行。等使用者提供回饋，資訊可以迅速整合到未來的更新——創造流動式回饋循環，發展出實用軟體，而不是追求在發行前一次性就把它打造得完美。隨著愈來愈多軟體都能夠直接在網路上執行，簡化了釋出更新與請求回饋的流程，各種不同的敏捷方法在開發者社群中變得極受歡迎。

在這裡，「各種不同」這個用語很重要。敏捷方法本身不是一個組織性系統，而是一種可衍生出多種不同系統的通用方法。目前兩個較受歡迎的系統是 Scrum 和 Kanban，假如你對於軟體有任何認識，都至少應該聽說過。一般來說，Scrum 是把工作分割為許多衝刺（sprint），一個團隊完全投注於達成一項軟體更新，再進行到下一項。相對地，Kanban 強調透過固定的階段，讓工作流更為持續，目標是把任何一個階段**正在進行的工作**減到最少，預防形成瓶頸。

這裡回來談看板。撇開執行的低階細節，你會注意到 Scrum 和 Kanban 的共同點是它們都使用**任務看板**，任務相關卡片垂直排成一排，放在軟體開發流程相應階段的欄目中。例如，在 Scrum 有一欄**待辦清單**（backlog），列出可能重要但尚未處理的功能。還有一欄是參與一項衝刺的軟體工程師團隊正在進行的功能，一欄是已經完成、現正測試中的功能，一欄是已經完成、測試過、準備發行的功能。

這兩種系統都使用相同的組織工作方式並非巧合。敏捷專案管理的一個核心概念是，人類並非天生擅長規劃。你不需要複雜的專案管理策略來思考接下來要做什麼，通常只要一群內行的工程師開會討論便已足夠。然而，這項理念的一大缺陷是，**唯有我們充分掌握所有相關資訊**，我們才能有效發揮規劃本能，比如已經在進行的工作是什麼、還需要做些什麼、哪裡有瓶頸之類的。結果證明，看板上的卡片串是驚人的有效方法，可以迅速溝通這些資訊。

任務看板的這項特性使得這種方法不只適用於軟體開發，這就是為什麼，在前瞻思考的知識工作組織想要讓他們的流程更有系統的案例中，我們看到它們頻頻出現。這也是為什麼我推薦各位在設計你們的組織流程時不妨考慮這種做法。為了協助這項任務，我蒐集了數項最佳慣例，以在知識工作的環境中充分發揮任務看板的作用。

任務看板慣例 #1：卡片應該要清楚、具資訊性

任務看板方法的核心是欄目下的卡片串。這些卡片通常是在溝通明確的工作任務。重要的是這些任務要清楚敘述：每張卡片上的任務不能語焉不詳。

成功運用這項方法的關鍵是，你要有一個明確的方法來指派卡片給個人。在Flow之類的數位系統所提供分配任務的功能中，你可以看到與一張任務卡相關的人員的頭像。不過，即使是沒有提供分配任務功能的系統，你也可以簡單在卡片標題增加這項資訊。有些時候，任務分配由欄目即可看出；例如，在一個小型開發團隊，某個人一直都是負責測試欄的任務。重要的是，一張卡片移進一個欄目時，即表示應該要積極著手，而非不確定誰該負責這項工作。

最後，應該要有簡單方法來串聯與卡片相關的資訊。使用Flow或Trello等數位看板工具時，你可以在虛擬卡片上附加檔案或長篇文字說明。這十分有用，因為它把一項任務的所有相關資訊都放到一個地方。這是我在研究狄維席使用的Trello看板時，感到訝異的一件事。舉例來說，我在他的看板上看到的一張任務卡片是為一名客戶撰寫分析報告。這張卡片上附加的檔案有報告數據以及如何製作格式的註記。進行這項任務的人員不需要在雜亂的電子信箱或聊天檔案翻閱、搜尋資料。等到要著手撰寫報告時，所有需要的資料都已在同一個地方。

假如你使用實體看板，你顯然無法直接在卡片上附加數位檔案或長篇說明。不過，使用 Dropbox 之類的服務也可以大略達成相同效果，你可以設立等於看板的共用目錄、等同於每一欄的子目錄。你可以將某一欄的卡片相關資訊儲存在對應的子目錄中，簡化進行任務時尋找資訊的工作。

任務看板慣例 #2：不確定時，由 Kanban 的預設格式著手

一旦你決定脫離已經習慣的軟體開發任務看板的制式指引，你未必明白該如何為自己的知識工作環境量身打造看板。不確定時，不妨由 Kanban 的預設格式著手，它只有三欄：**待辦**、**進行**、**完成**。你可以在這個基礎上視需要增減。

舉例來說，在狄維席的看板，他有一欄設計任務和一欄執行客戶活動。這項 Kanban 預設格式的修改對他的行銷公司來說很實用，因為設計與執行的工作是由兩群不同的員工進行。相較之下，優提麥公司使用的 Flow 看板則使用較為簡單的一欄，以記錄為了目前專案所執行的各項任務。

Kanban 預設格式的另一種實用擴充，是增加一欄來儲存專案的背景註記與相關研究。這項小技巧打破每張卡片記錄一項任務的慣例，但用於數位看板時，可做為就近

保管所需資訊的實用方法。例如在狄維席的行銷公司，其中一欄是用來記錄客戶來電。

任務看板慣例#3：舉行定期檢討會議

先前談到，知識工作生產流程的一大特性是，它是一套用來決定誰要去做什麼的有效系統。以任務看板而言，這些決定呈現在看板上的卡片，以及卡片被指定給誰。不過，要如何做出這些決定呢？敏捷方法的一個基礎概念是定期舉行簡短會議，是檢討與更新任務看板的最佳方法。這種方法反對你在電子郵件或即時通訊等非同步談話中，非正式地展開這些決定。在使用任務看板做為你自己的知識工作生產流程時，你應當遵守這項規定。

這種會議的標準格式是請每個人簡短報告他們手邊的工作，他們需要其他人的什麼協助來推展進度，以及他們先前進行的任務狀況。新的任務與其人員指派，也是在這些**檢討會議**上發生。會議亦有助於去除一個人等候另一個人回覆所造成的瓶頸，並提供大家各司其職的重要性：如果你沒有做好今日會議交代給你的任務，你將必須在明日會議上公開坦承。

這種定期檢討會議很有用，原因之一是其合作性質：大家覺得他們參與了自己要進行的任務之決策。另一個原因是沒有模糊地帶：每個人都參與了決定指派工作的會談。最後，如同本書第一部談過，比起來來回回地傳訊，即時溝通通常是協調人們更有效率的方法。一次十分鐘的開會便可省去數十個語意不明的訊息，不在一天之中頻頻造成打擾。

當然，許多現代知識工作組織亦包括遠端工作的員工，不可能所有負責任一專案的人都親自出席這些檢討會議。標準解決方案是使用視訊會議軟體，例如 Skype、Zoom 或 FaceTime（如果是小團隊的話）。關鍵在於即時互動。

任務看板慣例 #4：使用卡片對話來取代蜂巢思維聊天

數位看板系統另一個更為強力的特性是，每張虛擬卡片均內建討論功能。舉例來說，在 Trello 與 Flow，除了附加檔案與資訊到卡片，你還會找到直接儲存在每張卡片的留言板式交談工具。人們可以提問，別人可以稍後回答。在我所觀察使用數位任務看板的那些知識工作組織，這些**卡片對話**是協調特定任務工作的關鍵環節之一。人們每天會數度檢視這些對話，減少定期檢討會議需要討論的事情，並且省去使用電子郵件等綜合用途的通訊工具的使用，後者非常不適合組織資訊，且很快就變得雜亂。

一個合理的顧慮是，這些卡片對話是否會讓過動蜂巢思維式無組織傳訊偷偷溜回你的組織。然而，根據我的觀察，卡片對話體驗與蜂巢思維式聊天體驗極為不同。例如，狄維席就形容他從電子郵件轉換為卡片對話，是「逆向而行」的通訊。當你使用綜合目的的電子信箱，各方討論湧入，你必須不斷檢視信箱，使你面對許多不同專案的討論。反過來說，當你使用卡片對話，唯有檢視專案看板時，你才會面對特定專案的討論。在這裡，你也**只會**面對有關這項專案的對話。這是逆向而行，因為現在是你自己決定要討論什麼專案，而不是讓專案來為你決定。

卡片對話亦帶來不同的通訊期望。人們普遍假設，你一天只會數次檢視你的相關任務卡片，因此不會著急或期望你快速做出回應。工作細緻度因此提高了，大家也習慣一次處理一件事，而且是長時間進行，爾後才會前進到下一件事。反過來說，如果這些對話發生在廣泛用途的通訊工具，一旦意識到大家頻繁地檢視這項工具，便會造成對於回覆時間的高度期望，不可避免地重回全速展開的過動蜂巢思維工作流。（參見第三章有關回應循環的討論。）

卡片對話也比蜂巢思維聊天更有組織，因為對話是附加在特定任務上，與各種相關檔案並列。舉例來說，如果我主持一項專案，當我想要檢視某項重要任務的狀態，我只需翻開虛擬卡片，迅速檢視各項相關討論，就能跟上最新進度。相較之下，蜂巢思維工作流的各項資訊則散布在不同人的電子信箱，或深埋於壅塞的聊天管道。

把討論轉換為卡片對話可帶來較慢的步調與平靜。不必再跟總是塞爆的信箱奮鬥，是一項不可低估的好處。

個人看板：使用個人任務看板來組織你的專業生活

吉姆・班森（Jim Benson）對於改進知識工作很有想法。他的顧問公司運作方法（Modus Cooperandi），是專門打造客製流程以改進知識工作組織中的合作。或許是受到先前任職於軟體公司與熟悉敏捷方法的影響，班森的流程時常運用任務看板。他的公司官網照片中，都是貼滿彩色便利貼的複雜欄目。

然而，在個人生產力圈，班森是以他在二〇一一年個人出版的書籍聞名。書名為《個人看板》（*Personal Kanban*，暫譯），這本書提出一個誘人的承諾：協助團隊理解複雜專案的敏捷方法，也可以用來克服你個人專業生活的錯綜複雜職責。

《個人看板》的核心概念很簡單，這本書的網站上，班森只用一則五分鐘影片便做出總結。在影片裡，班森站在一個放置於支架上的大白板前。他在白板的中心貼滿許多彩色便利貼，代表家人、朋友、同事、長官與我們自己的「期望」。「這些事情變成我們腦海裡這一大坨糾纏不清的東西，每當我們想要做什麼事的時候，就得整理一遍。」他解釋。我們需要把這一大坨混亂抽絲剝繭，思考各種不同的責任，才能決定我們接下來應該做什麼。「那一點都不好玩。」班森指出。

《個人看板》給這個問題提出的解決方案是，使用個人任務看板來整理混亂的期望。班森建議使用三欄。第一欄是**選項**，你把各項責任用便利貼整齊地排列，一張便利貼一個任務。「現在我們已整理好混亂的工作，安排成清楚好認的方塊。」第二欄是**進行**。你把目前實際正在進行的任務便利貼移到這裡。這欄的關鍵——同時也是看板系統普遍好用的祕訣——在於你應該嚴格限制你在一段特定時間要做多少任務。以看板用語來說，這叫進行中工作（WIP）限制。在影片裡，班森設定的任務限制是三項。他解釋，假如你想在同一時間推進數十項不同任務，你最後會過著「亂七八糟的人生」。他鏗鏘有力地指出，最好是在一個時間做少數的事情：讓你能夠全神貫注，等你做完其中一件事，再換上一件新的事情。

第三欄是**完成**。你把完成的任務便利貼移到這裡。理論上，你可以在完成任務時就把便利貼丟掉，可是班森解釋，把便利貼由進行欄移到完成欄的這個動作所帶來的心理激勵，是一股強大的動力。

在班森發行《個人看板》之後多年，這套系統已吸引一群追隨者。在YouTube搜尋便會找到無數粉絲自製影片，說明他們如何使用班森的個人生產力方法。如果你以為這些粉絲嚴格遵循班森原先的三欄設計，那你就是不太了解個人生產力界了。去看這些粉絲影片，你會見到許多更為複雜、客製化的版本。

其中一支影片把進行欄更換為**準備**欄，其下又細分為三個小欄：**冷**、**溫**、**熱**——更仔細地標示進行中任務的狀態。另一支由供應鏈管理的教授所拍攝的影片，其「個人看板」格式複雜到好像要讀過供應鏈管理研究所才能看懂。他把選項欄畫成彩色的橫格，稱之為「價值串」，每格代表不同種類的任務，各自貼上對應顏色的便利貼。這些橫格裡頭又劃分為直欄。其中一欄稱為任務「待命區」，是他這個學期無法做的，其他欄則是他希望可以完成的任務。每一格都有一個「登台區」，價值串接下來要進行的任務會移到這裡。由這些大量的登台區，任務再移到數量較少的進行欄，遵守進行中工作只能有三項的限制。跟進行欄一樣，他的完成欄也有相同的彩色價值串，讓他一眼便可看出自己最近是如何分配時間。

「個人看板」在生產力迷之間的流行，為想要逃離過動蜂巢思維的人凸顯一個重要事實：任務看板不只可以有效協調團隊工作，亦可有效整理你的個人任務——即便你沒有念過供應鏈管理研究所。

我先前曾稍微提到，我在大學教授的專業生涯也實行了這種概念，當時我使用Trello看板來記錄我擔任喬治城電腦科學系研究所所長的工作。依據班森的基本架構，我有進行欄與完成欄。追隨「個人看板」界的腳步，我也自行設定欄目，以整理我計畫要做但目前尚未積極著手的任務（稍後將詳談）。每個星期一，我檢視看板，更新卡片位置，決定我那個星期要做什麼。接下來幾天，我會參考看板，決定我分配在研究所所長職務的時間要做些什麼。有新的任務進來時，無論是電子郵件或電話，或者時常有學生到我辦公室來問我不知該如何回答的問題，我立刻寫卡片，放進看板，準備稍後處理。

若無這套任務看板系統，我將依賴過動蜂巢思維工作流來做研究所所長的工作，那樣我就會一整天面對雪崩式湧入、進展緩慢的電子郵件對話。我會變成**那種人**，那種每次開會都開著筆電，匆忙穿過校園時手機一直握在手裡瘋狂回信的人。換句話說，若無這套系統，我的工作將令人無法忍受。有了它，這項職務省去了不少麻煩——工作都丟到看板上加以整理，我在分配的時間內有系統地完成。你或許可以猜到，這正是我為何成為任務看板的狂粉，認為它不只能組織團隊，也能組織你做為知識工作者的個人生活。

為了協助你，以下有數項個人任務看板的最佳慣例。

個人任務看板慣例＃1：使用一個以上的看板

許多提倡「個人看板」方法的人，使用單一看板來整理他們專業生活的所有任務。我的建議則略為不同：在你專業生涯中的每個主要角色，都各自使用一個看板。目前，我身為教授在大學擔任三個不同的角色：研究、教學和研究所所長。我為每個職務使用不同的看板，這麼一來，例如當我在思考教學工作時，我便不會面對研究或碩士學程的不相關任務。這可以減少網絡轉換，提升我解決問題的速度。

同樣地，我亦發現，有時為大型專案設立一個專屬看板也很有用（比如費時兩週以上的專案）。舉例而言，不久前，我擔任一項大型學術會議的主席。這個職位的工作多不勝數，我發覺把它們跟我學術生活的其他領域分隔開來，用專屬任務看板處理會比較容易。專案結束後，我就把看板作廢。

當然，你能夠管理的看板數量有其限制，免得多到難以維持。所以我認為一個職位一個看板、一個大型專案一個看板，大概就差不多了。對大多數人來說，這表示使用二到四個看板來管理你的生活，這數字很理想。反過來說，假如你有十個看板，在它們之間轉換的代價將消弭分隔任務的好處。

個人任務看板慣例 #2：安排定期個人檢討會議

在討論知識工作團隊的任務看板時，我主張，定期檢討會議是更新看板的最佳方式。你的個人看板也是一樣。如果你想充分發揮這項工具，便需要每週設定時間來檢討與更新你的個人看板。在個人**檢討會議**上，審視看板上所有卡片，移動它們的位置，照需求更新其狀態。這不用花很長的時間：如果你定期實行的話，五到十分鐘通常就已足夠。且這種會議不必太過頻繁，我發現一星期一次很恰當。但也不能省略會議。一旦你認為不能倚靠任務看板做為管理工作的安全工具，你便會重返狂亂的過動蜂巢思維傳訊。在日曆上設定你的個人檢討會議，並認真看待，就像其他會議或約會一樣。個人任務看板可以大幅改善你做為知識工作者的生活品質，前提是你要投入充分時間加以維持。

個人任務看板慣例 #3：增加「待討論」欄

擔任研究所所長時，有一些同事，我時常需要與他們討論相關議題：我的系主任、碩士學程經理人，和我主持的研究所委員會的另外兩名教授。為了這三個類型的同事，我在研究所所長看板上增加一欄，標題是**下次會議討論**。每當一個任務出現，需要這些人意見的時候，我會壓抑立刻寫電郵給他們的衝動，而把這項任務移到**待討論**欄。

我每週一次固定時間和學程經理人碰面。每次開會時，我們討論自上次會議之後他的欄目新增的所有任務。至於系主任與研究所委員會，我會等到他們的待討論欄差不多塞滿時，才會安排會議來一次性檢討這些任務。

這項技巧或許看起來很直觀，但對我專業生活的影響非常正面。舉例來說，想像一下，某一週我的系主任待討論欄累積了五張卡片。在二十至三十分鐘的會議裡，我們兩人就每張卡片提出合理的計畫。如果我針對每項任務立刻寄出電子郵件，結果將會是我的信箱出現五組不同的對談，且我一整個星期都必須追蹤——每天額外檢視信箱數十次，注意力被切割得細碎無比。

如果你想要釋放個人任務看板的力量來減少蜂巢思維式來回傳訊，這項技巧或許是你在本章所看到最重要的一個。假如你有辦法記錄需要討論的事情，定期的、有效率的會議可以取代九成的蜂巢思維傳訊。任務看板讓這件事變得簡單。

個人任務看板慣例 #4：增加「等候回覆」欄

在合作型知識工作中，一項任務的進度往往必須暫停下來，等候回饋、等一個問題的回答，或是別人提供的重要資訊。如果你使用個人任務看板來整理工作，便很容易追蹤這些停頓的任務，把它們移到**等候回覆**欄即可。當你把一項任務移到這欄，要在卡片上註記你正等候誰的回覆、等到回音之後你要做些什麼。這可以預防你忘記那些自己暫時無法直接控制的任務，也讓你在等到回覆後得以做出有效率的進展。最重要的是，這些未完成的任務有個安全可靠的放置處，讓你從老是擔心忘記了什麼的感覺中釋放。

A之後是B：自動流程

我們回到優提麥公司製作每日內容的流程。不同於我們剛才討論的例子，該公司的流程沒有任務看板或是檢討會議。事實上，他們幾乎沒有互動或者要進行的決策。一旦強生在共用試算表放上一項新課程的概念，它便像鐘錶一樣由一個狀態進到下一個。在每個階段，相關人士都清楚知道要做什麼。

這種**自動**生產流程在許多知識工作場所扮演重要角色。然而，不是所有的流程都可以自動化。想要套用的話，流程必須可以用重複方式創造產出，同一批人每次用相同順序執行相同步驟。相較之下，需要協調決策以設定接下來要做的任務、誰應該負責進行的任務看板流程及動態，則更為多樣化。

例如，為你的團隊設定季度預算。這項任務或許可以簡化為一連串明確步驟，每季以相同方式、相同順序執行，因此是自動化的一個良好選擇。但是，更新你的公司官網或許不是那麼明確的專案，需要較多討論與規劃，所以比較適合任務看板。然而，為官網增加新客戶使用心得的流程，或許就可自動化，因為它重複性很高。諸如此類的。

等你找出似乎很適合自動化的流程，下列指引將幫助你成功進行轉換：

1. **分割**：將流程分拆為一系列明確的、具有先後順序的階段。每個階段須清楚說明需要完成什麼工作，誰要負責進行。
2. **通知**：設立一種通知系統，追蹤流程所創造的各種產出的現況，讓參與者知道輪到他們接手工作了。
3. **管道**：設置明確管道，以便將相關資源和資訊由一個階段傳送到下一個階段（例如檔案與目錄）。

優提麥的每日課程生產流程明確遵循這些指引。它分割成很清楚的階段，使用共用試算表來通知每項課程的現況，並且利用共用目錄來傳送檔案。然而自動流程未必一定要依賴軟體系統。例如，擔任教授的這些年來，我已優化與助教合作批改大型班級練習題的自動流程。我出練習題時，會同時寫下每道題目的詳細解答範例。我也會寫下評分的粗略想法，表達我覺得哪些值得滿分、哪些可以得到部分分數、哪些零分。在出練習題給學生的當天，我便把這些文件寄給助教們。

學生們在上課一開始便交出作業，我帶回辦公室，放在我設置在門邊走道牆壁上的郵件箱裡。助教們晚一點會來取件。我不需要提醒他們來拿，因為他們已從班級課程表上得知學生交回作業的日期。助教們拿到作業便可以開始批改。在他們評估學生答案時，可能會更新我的給分註記，來解決他們時常遇到的問題，或是他們決定使用特定的啟發性評分方法。

等助教改好作業，他們會將學生分數輸入我在學期初設定的共用評分試算表，再把作業放回我門邊的郵件箱。等我想要把作業發還的那天，我會用試算表來統計作業分數（例如，平均值及中間值），再貼到文件上，文件還包括解答範例以及助教們更新的給分註記。（我經由錯誤嘗試發現，詳細的解答範例以及給分註記，可以大幅減少抱怨分數的學生人數。）我在上課前會列印解答範例，連同評分的作業一起發下去。

這項流程大致上遵循了上述的指引。所有階段明確設定，參與者都清楚目前的階段，我們也建立管道來傳送相關資源——練習題、評分註記、解答、分數——到它們應該去的地方。可是，與優提麥案例不同之處在於，這項流程有很多地方牽涉到實體，紙張要拿來拿去，而結果發現這種細節不太重要。只要階段與溝通管道清楚，流程便會有效。

如同所有良好的自動流程，我的練習題評分方式，基本上消除了我和助教之間所有對於評分的未排定通訊。在我出好題目以後，我需要處理作業的時候，就只有學生交出來、我把作業拿到辦公室的郵件箱，以及最後助教完成評分、我把作業連同解答範例拿到教室。這整項流程唯一用到電子郵件的時候，是我把解答範例寄給助教們（即使是這項步驟也可以進一步自動化，只要讓助教存取我保存解答的共用目錄）。我不用把任何力氣浪費在後勤作業或是安排會議。這聽起來或許很膚淺，像是想要逃避工作的人，但事實上，免除行政糾結所省下來的精力與注意力，可以用在實際上能夠提升教學品質的活動，例如增進我的講課或是回答學生問題。這種優點著實是大多數自動流程所具備的：消除不必要的協調事務不僅減少挫折，亦可增加投入重要活動的資源。

大部分組織或團隊都有一些流程適合進行自動化。不過，這種轉變不能等閒視之，因為理解這些流程的細節可能要花很大的工夫。（舉例來說，我花了兩年時間調整，才得出現在給練習題評分的流程。）思考是否值得花這種工夫的一個好方法是運用三十倍法則（*30x rule*）。管理顧問羅利．魏登（Rory Vaden）解釋，這項法則的原始格式是：「你應當花三十倍的時間去訓練某人做你自己用一倍時間可以做好的事情。」我們可以約略將這項法則套用於建構自動流程：如果你的團隊或組織一年生產某種成果三十次以上，而這種生產可以轉變為自動流程，那麼這項轉變或許值得採取。

將個人工作自動化

自動流程不僅適合用來簡化團隊進行的工作，亦適合那些你通常自己進行的定期性工作。和團隊流程一樣，我們的目標是為了盡量減少完成工作所花費的精神與來回通訊，只不過現在，流程的步驟完全在你的掌控之下。

舉例來說，以前我在撰寫學生指南時，我會建議學生為每種定期作業製作一項個人自動流程：練習題、閱讀作業、實驗室報告——任何他們預先知道在一整個學期要反覆進行的事情。這些流程的核心是時間分配。我建議他們在日曆上劃定完成每一項重複工作所需要的時間。或許星期二下午四時至六時，你要寫生物學入門的實驗室報告，而星期一及星期三的空堂時間，你要利用十點半到十一點半寫統計練習題，諸如此類。我接著建議，詳細列出在這些設定時間如何完成工作，包括你要在校園什麼地方做作業，以及你時常使用的方法與資料。關鍵在於減少浪費在規劃或做決定的精力，讓學生全神貫注在執行。

這項建議很多時候對學生具有啟發性。他們以前是一整週閒晃度日、總是對進度落後感到愧疚、最後為了趕期限而通宵熬夜，他們現在可以有信心地執行自動化的時程，對於每個星期都可以把需要做好的事情真正做好而感到安心。減少了麻煩與精神耗費，讓相同的工作量不再需要那麼多精力。

這種方法沒有理由不能應用在非學術的知識工作。如果你個人要負責製作重複的成果，試著擬定更有架構的流程來說明你何時及如何處理這項工作，絕對是有益無害。如同我對學生提出的建議，首先由時間設定著手：在你的日曆上標出你必須做好特定步驟的時間，就像只有你個人要參加的會議一樣。接著訂定一些如何執行這些步驟的規則，找尋可以讓每個步驟更容易做的技巧或優化方法。

優化的關鍵在於盡量減少流程相關的來回通訊。假設有位顧問，她負責為一名客戶撰寫每週報告，說明她的團隊花在專案上的時間。假設她需要向團隊成員收集每個人花費的時間。接著再假設，她必須在寄出報告之前請她的老闆過目一下。

這位顧問設定每週撰寫報告的時間之後，她可以優化完成報告所需進行的通訊。例如，她可以設立一個共用試算表，請同事輸入他們花費的時數。在交出報告的兩天前，她可以寄出提醒輸入時數的通知給同事。事實上，她甚至不必手動寄出這種訊息，而是設定為自動寄出（許多電子郵件服務，包括 Gmail，均提供這項功能）。

同樣地，由於這位顧問現在知道她每週**何時**要進行這項報告，她便可以跟老闆對過目報告的時間做出長期約定。例如：「我會在每個星期二早上十一時之前，把報告放到我們共用的 Google Docs 目錄讓你過目；如果你有建議，請在當日加到文件上；我會在下午四時檢視是否有任何註記，然後在當天結束前把最終版本寄給客戶。」

以前需要多次電子郵件緊急往返的每週任務，現在再也不會為這位顧問的電子信箱增加額外信件。耗費的精神也會減少。這名顧問看著自己日曆上標記的個人會議，每次執行相同步驟：不緊急、不慌忙通信、不會半夜擔心忘記了重要步驟。

這是為你的個人專業工作引進自動流程所能得到的保證。無論你是運用複雜的自動化，抑或只是使用手寫的程序，這些流程都可以降低你對過動蜂巢思維工作流的依賴，為自己保留更多精力與心理平靜。把你可以合理自動化的事情自動化，之後再來煩惱其餘的事情該怎麼辦。

第六章

協定原則

資訊的發明

克勞德．夏農（Claude Shannon）是二十世紀最重要的人物之一，然而，在他所創新的專門領域之外，卻鮮少人聽聞過他的大名。他最大的成就可能是一九三七年在麻省理工學院寫的碩士論文，當時他年僅二十一歲。這篇論文連同其他人的貢獻，奠定了數位電子學的基礎。不過，我現在要提的是他另一項著名成就，因為它對我們擺脫過動蜂巢思維工作流的需求很有幫助。我指的是夏農所發明的資訊。

準確來說，夏農並不是第一個認真討論資訊或者試圖予以量化的人。不過，一九四八年他發表的論文「通訊的數學原理」（A Mathematical Theory of

Communication），設定了**資訊理論**（information theory）的框架，解決之前試圖正式研究此一主題時發生的缺陷，並且提供了最終促成現代數位通訊革命的工具。這個框架的基礎是一個簡單卻很深遠的概念：把我們用以建構通訊的規則變得複雜，反而可以減少互動所需的資訊量。在本章，我將把這項原則應用在職場通訊，也就是預先花更多時間來設定我們在辦公室中協調的規則（我稱之為協定），便能減少完成這項協調所需的努力，並且讓工作展開得更有效率。在我們深入討論之前，必須先簡短談一下夏農的顛覆性研究。

一九四〇年代，夏農作為科學家任職於貝爾實驗室（Bell Labs）時，發展出他的突破性通訊研究。根據貝爾實驗室同事雷夫．哈特利（Ralph Hartley）先前的研究，夏農首先去除資訊傳達「意義」的觀念。他的框架所要克服的挑戰是抽象的。寄件者想要從一組可能的訊息之中傳輸一封訊息給一名收件者，於是經由一個管道發送由固定字母所組成的符號。其目標是要讓收件者從原先的群組中辨識出寄件者想要傳達的訊息。（夏農亦增加管道雜音可能毀壞一些符號的可能性，不過我們現在不談這個。）為了盡可能保持清晰，夏農把符號字母進一步簡化至兩種：〇或一。綜合起來之後，在這種框架，通訊被簡化為下列遊戲：寄件者從一組大家熟悉的可能訊息之中選擇一封訊息，傳輸一連串的〇與一給收件者監看的一個管道，收件者再試圖辨識訊息。

在夏農之前，哈特利便已發現類似方法是思考傳輸訊息的正確方向。不過，夏農加入一個轉折：在許多情況下，寄件者比較可能選擇某些訊息，而不是其他，這或許可讓寄件者在通訊時平均使用更少的符號。舉例來說，試想一名寄件者傳輸英文字母以組成較長的訊息。假如前兩個字母是 t 和 h，這就嚴格限制了接下來可能轉輸的字母。例如，寄件者接下來輸入 x 或 q 或 z 的可能性為零。而寄件者即將輸入 e 的可能性卻很高。（如同電腦運算先驅中，知名的英國同儕圖靈，夏農在二戰期間亦曾研究破解密碼，因此對某些字母比其他的更常使用這點很熟悉。）

夏農認為，在這種情況下，寄件者與收件者事先設定把符號組合成字母的規則，所得出的協定（protocol）將考慮到各種可能性，而平均而言，這應該可以讓他們大量減少通訊所用的符號。

具體來說，假設你負責監督一項評量某個重要設備的指標。這個指標的刻度總共為二五六，介於負一二七至一二八。總工程師要求每十分鐘回報一次刻度。由於她在另一棟大樓工作，你架設了一條電報線路，以便使用點與線的二進碼來傳輸這項資訊，你就不必每次報告時都得去找她。

為了實行這套方法，你和工程師首先必須就你如何編寫刻度達成協定。最簡單的辦法是把二五六個刻度都設定為獨特的點與線順序。例如，負一二七是點—點—點—點—點—點—點—點，而十六是線—點—線—點—點—線—線—點，諸如此類的。簡單的數學（二的八次方等於二五六）可以得知，八個點與線總共有二五六個不同順序，因此你可以為每一個刻度指定獨特的順序。

根據這項協定，每個刻度，你要發送八個電報符號。但我們假設你的目標是盡量減少你必須發送的符號數量，因為電報機很難使用，手會痛。此時，夏農指出，你應該考量不同讀數的可能性。這個情況下，假設你知道讀數幾乎一定是零，因為這是機器的正常運作狀態。如果出現不同讀數，便意謂出了問題，而問題相對罕見。更具體來說，你預期九九%的時間，讀數均為零。

你和工程師現在或許同意下列更為詳細的協定。如果你發送一個點，代表讀數是零。如果你發送一條線，這表示讀數不是零，而你將在這條線之後，發送八個符號，傳達你讀到的非零讀數。請注意，在新協定下，萬一是最糟糕的情況，你必須傳送的符號**多過**簡單協定，因為新協定規定，非零讀數必須發送九個符號（一條線加八個符號），而簡單協定規定每次都發出八個符號。但在最佳情況，新協定只需要一個符號，相較簡單協定需要八個符號。你會如何比較這兩種情況的成本？夏農建議你使用詳細的可能性來計算平均成本。新協定每則訊息平均符號數目的計算方式如下：$0.99\times1+.01\times9=1.08$。換句話說，如果把長期下來你每則訊息發送的符號數目平均計算，你每則訊息只會發送略多於一個符號，使得新協定遠較舊協定來得更有效率許多。

這是夏農資訊理論框架的核心概念：考量到所通訊的資訊架構的聰明協定，表現**遠勝**過原始方法。（這不僅應用在資訊理論。夏農的論文亦證明如何計算一個特定資訊來源的可能最佳表現，並且基於革新工程師對於降低噪音干擾的想法，高速電子通訊與密集型數位儲存才得以實現。）若無這些研究，由iTunes下載一部電影等日常活動可能要花上數日，而不是數分鐘，你的 Instagram 牆上的照片可能需要一小時才能上傳，而不是我們如今預期的數秒鐘。

相同的概念不只適用於數位通訊。在夏農的歷史性一九四八年論文普及之後，各種領域的工程師與科學家都認可他的框架的廣泛實用性。資訊理論開始在數位檔案與電腦網絡之外的許多領域萌芽，由語言學到人類遠見、再到對生命本身的理解（生物學家明白 DNA 可以被理解為有效率、夏農式的資訊協定）。我們現在再加上一個夏農框架適用的領域：辦公室協調。

在標準的工作情境，各方人馬需要彼此溝通各種問題——安排開會時間、決定共同專案的下一步、回答客戶問題、提供某個想法的回饋。這些協調活動係根據規定來進行。通常這些規定是非正式的，因為它們代表未明文訂定的常規，有時則比較正式一些。例如，有一家小型顧問公司定期收到潛在客戶詢問，必須評估以決定哪些是值得開發的新業務。如果該公司採取過動蜂巢思維工作流，那麼他們回應這些詢問的潛規則可能是由相關團隊成員發起電子郵件對話，並希望最終可以達成結論。相較之下，比較正式的規則可能是在每週五早晨開會，一起檢討本週收到的詢問，當場決定要開發哪些客戶以及負責的人員。無論非正式或正式，許多辦公室活動都是由某種規則來設定。為了向夏農致敬，我們就稱這些規則為**協調協定**（coordination protocols）。

夏農的資訊理論框架讓我們學到，你就一項既定任務所選擇的協定很重要，因為有的協定成本較為高昂。在經典資訊理論，一項特定協定的**成本**是你需要傳輸以完成任務的平均位元數——如同我們前述的簡單刻度讀數例子，使用的平均位元數較少的協定，好過位元數較多的協定。然而，在評估職場的協調協定時，我們需要更為精細的**成本**概念。

舉例而言，我們或許可以用**認知循環**（cognitive cycles）來衡量成本，亦即一項協定切割你的專注力的程度。更準確來說，我們可以參考第一部討論過的 RescueTime 研究員的範例，將工作日分割為五分鐘的時段。在衡量一項協調協定的認知循環成本時，我們計算至少有部分時間花在協調工作的時段有多少個。用顧問公司的情境來說，用來評估新客戶詢問的過動蜂巢思維協定，或許會產生數十封來來回回的電子郵件，每一封都散落在不同的五分鐘時段，創造龐大的認知循環成本。相反的，開會協定則只需要一週開一次會。假設這些會議需要三十分鐘，那麼這項協定只會在每週占用六個時段，以這項指標來說，成本低很多。

另一項考慮職場協調協定的相關成本是**不方便**。如果一項協定包括漫長等候某人接收關鍵資訊，或是需要寄送者或接收者額外的工作，或是導致機會的錯失，那麼就會形成不便。為了實驗，我們想像有一種數字尺度可用來衡量不方便（確切的數值並不重要）。回到顧問公司的案例，蜂巢思維協定或許在不方便尺度上的得分勝過每週開會協定，因為要等到下週開會才能回應潛在客戶，或許會被視為漫長的等待。在某些時候，這甚至可能會失去生意。

夏農教導我們，我們必須密切注意這些成本，並且願意調整協定來設法優化及平衡。在我們的案例，蜂巢思維協定回應客戶詢問的高昂認知循環成本很驚人，即便它在不方便得分上較高。我們或許可以採用每週開會協定，因其認知循環成本得分理想，然後再設法減少不方便。例如，我們或許可以採取下列標準作業程序：接獲一名新客戶詢問時，無論是誰收到這封電子郵件，都要立刻回信感謝潛在客戶垂詢，並承諾在一週內回應，降低客戶因為遲遲沒有收到回音而惱火的可能性。潛在客戶還是有可能因為這種回信掉頭就走，不過，迅速回覆及明確的預期，使得最糟情境發生的機率微乎其微。這種做法略為增加認知循環成本，因為有人必須每次收到信件就迅速回覆，可是這種成本不算什麼——相較於蜂巢思維協定中，每個潛在客戶都產生龐大的信件串。平均而言，混合版協定的成本會低於這兩種，因此可能是該顧問公司的合適選擇。

我們在知識工作環境，會本能地執著於最糟情境之類的因素——我們如何預防壞事不要發生?!——或者偏好簡單（卻成本高昂）協定的便利性，而不喜歡過分挑剔（卻優化）的協定。資訊理論革命告訴我們，這些本能不值得信任。花時間去建立具有最佳平均成本的協定，就算它不是眼前最自然的選項，但長期績效增長可能極為可觀。

我們現在將整合這些部分，來討論本章的核心原則。人們協調工作的手段是所有工作流的一個關鍵要素。這種協調需要溝通，無論你是否使用這種詞彙，有關人員必須事先就如何及何時溝通約定一套規則——我們所說的協調協定。

大部分組織都默默使用蜂巢思維協定來進行大多數的協調活動，因為它很簡單便可設立及說服人們遵循。其彈性往往可讓組織避免最糟情境。然而，夏農告訴我們，如果你願意事先花工夫去開發更為智慧的協定，通常可以大幅減少長期成本。那些你為了部署優化協定而事先花的工夫，將降低之後使用時的成本，而得到數倍以上的回報。正式來說：

> **協定原則**
>
> 設計規則以優化何時與如何進行職場的協調，會導致短期的麻煩，但可以創造更具生產力的長期運作。

本章接下來將探討實際運用協定原則的個案研究。你將會看到企業辦公時間的實用性，以及限制客戶跟你接觸是如何反而使他們更高興。你也將看到一個學術研究團隊把日常狀態會議當成軟體開發小組來運作之後的情況，還有你為什麼絕對不該再用電子郵件來安排開會時間。這些協定遠比在電郵信箱或Slack打轉來得複雜，有的協定可能讓壞事偶爾發生。但在夏農的基本理論指引下，他們接受這個核心概念，也就是說，有時候增加一點點複雜性可以大幅增進表現。

開會時程協定

二〇一六年，我在一項企業活動代表專家小組發表演說。其中一位我的小組夥伴是來自紐約的科技創業家丹尼斯．莫登生（Dennis Mortensen）。後來聊天時，我得知他是一家新創公司的執行長，他的公司已脫離祕密模式（stealth mode），正在接受貝他測試者（beta testers）。公司名稱是x.ai，產品係運用尖端人工智慧技術來解決一件瑣事：安排會議。

初創時，x.ai的項目是名為艾美的數位助理。你需要跟某人透過電子郵件安排一次會議時，你可以把副本寄給艾美的專屬信箱，然後用自然語言寫信要求這個數位助理代為安排開會。例如，你可能寫說：「艾美，你可以幫忙安排我和鮑伯下週三開會嗎？」此時——這正是這項產品的神奇之處——艾美會和鮑伯透過電郵互動，找到符合你和他的時間表在週三的開會時間，並把活動加入你的行事曆。這聽起來像是上班生活的細小改善，卻吸引到大筆投資。二〇一六年我遇到莫登生的時候，x.ai已將二千六百萬美元投資資本用於艾美自然語言介面。二〇一八年，他們獲得的總投資達到四千萬美元。

x.ai之類的自動化開會時程安排公司能取得投資者青睞是有理由的：即便是最頑強的過動蜂巢思維支持者，也無法忽視知識工作者目前處理這項日常任務的方法既浪費時間又缺乏效率。安排開會的標準協定是我所謂的**消耗精力電郵乒乓**。有時在電郵對話之中，你明白需要開個會。可是這項任務既煩人又不緊急，所有人員便展開一場遊戲，其潛規則是你能有多快速把工作安排丟給別人，就算只是短暫地：

「我們應該開個會。你何時方便，再告訴我。」

「下週可以嗎？」

「我可以。一般來說，週二及週三最適合。」

「那幾天我有點忙。週五呢？」

「好啊，什麼時間？」

「早上？」

「十一點可以，不能太晚。」

「那個時間我要外出開會，再下週如何？」

沒完沒了的……

這項協定的認知成本龐大，因為每一封往返的信件都需要你花時間去檢視信箱。更糟的是，展開安排開會的對話之後，你就必須不斷檢查信箱，看下一封信件寄來了沒，因為在這些半同步的來回互動之際，消失數小時似乎不禮貌。

假如你一次只有一項會議要安排就已夠糟了，可是現實中，大部分知識工作者往往同時要應付許多不同的會議安排對話。二〇一七年，《哈佛商業評論》（*Harvard Business Review*）一篇標題聳動的文章〈停止會議的瘋狂〉（Stop the Meeting Madness）指出，企業高層平均每星期要花二十三小時開會。單是安排這些會議的工作量便造成過動式檢查電子信箱的一大理由，因此形成龐大認知成本。若你必須一直打開信箱，去推動眾多安排會議時程、安排對話的其中一項，你執行重要的認知工作的能力便被大幅削弱。所以投資者才願意花四千萬美元，看看人工智慧能否大幅減少這項認知成本——相較於知識產業放棄消耗精力的電郵乒乓所能釋放的生產力，這不過是小錢。

想要找尋更佳的會議安排時程協定，有幾項解決方案的平均成本遠低於電子郵件。第一個，也是最極端的，是聘請一名真人助理管理你的行事曆，代你安排開會。有一段時間，這個選項貴到不行，只有最高階企業主管可以負擔，因為你必須支付全職薪水給一名專屬人員。現在不是這樣了。線上自由兼職服務把僱用助理變簡單了，他們採用遠距方式、就特定任務工作一定的時數。我第一次僱用線上助理時，用的是 Upwork 的服務，我很訝異地發現她一週花兩三個支薪小時便可搞定我的開會時程。安排開會時程的真正成本來自於檢查信箱及持續對話所造成的頻繁干擾，但在交給助理之後，這些成本高昂的干擾並不會累計成為高額的支薪時間。

雖然時薪依據助理的資歷而不同，就實際安排開會所需的時間而言，你不難用每週平均四十美元的代價把安排開會的工作委外。當然，一個月額外開銷一百六十美元並不是一筆小數目。在我的經驗裡，最可能投資這筆錢的知識工作者是企業家，他們早已習慣投資在他們自己身上與他們的企業，以維持成長。反過來說，大型組織的員工覺得，拿自己的錢去提升生產力是個陌生的主意，況且在這種背景下，引進一名外部助理與你的同事互動可能遭到懷疑，甚至敵視。所以，在我的專業生涯裡，我聘請助理來管理寫作事業的大量會議與訪談要求，而不是我擔任大學教授的工作需求。

想要讓兼職助理順利代為安排開會時程，需要兩個條件：知道你的行事曆，以及把新活動加入行事曆的方法。有許多工具可以滿足這些要求。我使用的是線上行事曆服務 Acuity。如果我有僱用助理，在每個學期一開始，我會手動在系統裡輸入未來數月我可以開會的時間。我的助理需要安排開會時，她會使用 Acuity 在這些有空的時間挑選一個時段。這項服務實用之處在於它可以跟我的谷歌日曆同步。當我的助理在 Acuity 預訂了一個約會，便會自動顯示在我的日曆。同等重要的是，如果我直接在日曆上預訂了什麼活動，Acuity 便會自動去除那段時間。

當然，大家會問，為什麼我不直接使用 Acuity 來安排會議就好：如果有人想要跟我開會，我不必傳達給助理，可以請他們直接上 Acuity 去預訂一個我們雙方都有空的時間。我不採用這種簡單且便宜的選項，理由是我工作中可能遇上的會議各不相同，它們在時間安排上的需求不一致。例如，預訂在我的喬治城辦公室開會的話，我只考慮我在學校的時間。相較之下，預訂播客訪談時，我只提供我在家工作、可以使用家裡工作室的時段。有的會議很緊急，我想找出最快有可能的時間，其他不緊急的，我則想延後到以後較不忙碌的時期。就每項會議回覆一份我有空的**所有**時段是行不通的；我只能請助理過濾這些不同的要求。

然而，對大多數知識工作職業，這些差異沒那麼重要。你有一個標準的每週工作日程，你要保留一些時間不受干擾地工作，留下一些開放時間，可供開會及約會。在這種情況下，你其實不需要一名真人助理來幫你安排開會。Acuity、ScheduleOnce、Calendly，還有 x.ai（僅僅舉幾個例子而已）等工具，可以讓別人很輕鬆地敲定你有空的時間來開會。有人要求開會時，你只需把時程安排服務的連結寄給他們，請他們挑選一個合適的時間。以前消耗精力的電郵乒乓，現在簡化為一封郵件以及在時程安排網站的幾下點擊。

如果要和數人同時開會，你更需要避免電郵乒乓，因為安排會議的郵件數量往往跟開會人數成指數增加。這種情況便可以使用類似 Doodle 的團體調查服務。跟不熟悉的人解說一下，這些服務需要你設定一份線上調查，輸入幾個你日曆上有空的日期與時間選項。你把這份調查寄給其他與會者，他們各自比對自己有空的時間，你便能輕易找到適合每個人的時間。

我甚至會說，凡是正常一星期需要安排一或兩次活動以上的人，絕對應該使用時程安排的服務，如果工作有需要的話，也可以找個兼職助理。真的沒有理由仍把認知循環浪費在冗長的時程安排對話上。你或許認為這助益不大——**寫幾封電子郵件是有多困難**？——然而如果你像我一樣，一旦消除那些持續的安排開會對話，那種如釋重負的感受可能會使你訝異不已；那種對話一直在啃蝕你的專注力邊界，迫使你不斷重回蜂巢思維式談話。

夏農的框架強調了這項事實。開會時程協定造成一些小小的不便成本，因為你必須設立一套系統，而你的通訊者如今必須從網站去挑選時間，而不是簡單回一封電郵。可是，我們節省了可觀的認知循環，這是無可比擬的：這些開會時程協定的平均成本，遠遠低於現在消耗精力電郵乒乓的成本。

辦公時間協定

二〇一六年初，我在《哈佛商業評論》網站發表一篇文章，刻意取了個挑釁的標題：〈一個謙卑的建議：消滅電子郵件〉（A Modest Proposal: Eliminate Email）。雖然我一直都有在自己的部落格書寫這項科技所造成的不幸，該篇文章是我首度在主流媒體就這個主題撰寫的作品之一，最終合併成為你正在讀的這本書。檢討過動蜂巢思維工作流所造成的問題之後，我在那篇文章做出半吊子的結論：「願意終結雜亂的工作流，並且特地設計一套旨在擴大價值創造與員工滿意的替代系統，這種組織將享受到巨大優勢。」

在原先的草稿，我的議論就此打住。但主編不同意。他正確指出，棄用電郵的概念太過新穎，至少要提出組織如何在沒有電郵之下運作的一些建議。在這個初期階段，我尚未發展出專注力資本理論的細節，因此我無法回答編輯提出的問題：什麼能取代電郵。急於找尋例證之下，我在自己所處學術界的一項常見活動中挖掘到靈感：辦公時間。我是這麼構思的：

> 這個概念很簡單。員工不再擁有個人電郵信箱。相反地，每個人把自己一天之中可以聯絡的兩個或三個時段公布出來。在這些**辦公時間**，他們保證可以聯絡到本人，無論是手機或者 Slack 等即時通訊服務。可是，在他們明訂的上班時間之外，你就不能要求他們分散注意力。如果你要找他們，你必須把事項記錄下來，留待他們有空的下個時段。

令我相當失望的是，這篇二〇一六年的文章並未立即點燃反電郵革命。一名評論者說得很對，辦公時間不適合員工跨越好幾個時區的組織。另一位寫說，他們寧可收到更多電郵也不想開會。「現在想要顛覆電郵，就好比亡羊補牢，」另一位評論者指出，「沒有用的。」之後我持續研究電郵時，便把辦公時間概念擱置一旁。然而，我後來明白，或許我不該如此草率便駁斥這個解決方案。

我們先跳到二〇一八年，傑森・福萊德（Jason Fried）和大衛・海尼梅爾・韓森（David Heinemeier Hansson），軟體公司 Basecamp 兩位離經叛道的創辦人，出版了《工作大解放》（*It Doesn't Have to Be Crazy at Work*，暫譯）一書。這本書說明培養有效率職場文化的一系列概念，他們稱這種文化為「鎮靜公司」（calm company），所有的建議都根據一項熟悉的策略：辦公時間。福萊德與韓森指出，他們公司有各領域的專家：「他們可以回答統計、JavaScript 活動處理、資料庫臨界點的各種問題。」因此，如果公司一名員工對其中一個主題有疑問，他們往往可以直接「指名」專家回答。福萊德與韓森對於這個實情的感覺很複雜：「這很好，也很糟。」

很好的地方是，這些專家可以協助同事解開問題或找出更有效率的解決方案。很糟的地方是，專家們被困在過動蜂巢思維——一天當中有愈來愈多時段用來回應這些要求。讓我驚喜的是，Basecamp的解決方案是採取辦公時間。專家們現在直接公布每週他們可以回答問題的時段。有的專家或許辦公時間很少，例如每週一小時，有的則很多，例如每天一小時。該公司信任專家們所提出最符合他們需求的時間。想詢問這些專家回答的問題，就限定在這些時段提出。

「可是，萬一你在星期一有個問題，某人的辦公時間卻要等到星期四呢？」福萊德與韓森問。他們給出一個直白的回答：「你耐心等，就是這樣。」他們指出，這些限制乍看之下很官僚，可是最後在公司裡「大受歡迎」。「大多時候，等待並不要緊，」他們說，「可是，我們的專家得到的時間與掌控權卻很要緊。」

進一步的調查顯示，Basecamp並不是唯一局部採用辦公時間的非學術機構。《波士頓全球報》（*The Boston Globe*）的創新經濟專欄作家史考特・克斯納（Scott Kirsner）

讓我得知，辦公時間在創投資本家之中，向來很受歡迎。他在一篇專欄說明，標題是「我加入開放辦公時間運動」（I'm Joining the Open Office Hours Movement）。他說許多波士頓地區的投資團體，包括 Flybridge、Spark Capital 和 Polaris Partners，均設定每週固定時間，開放給有興趣創立科技公司的人士來諮詢、推銷創意或者只是建立人脈，「沒有附加條件」。我為了我二〇一二年的著作《深度職場力》（*So Good They Can't Ignore You*）而訪談一位矽谷創投資本家麥克・傑克森（Mike Jackson），我了解到這個行業的成功，取決於接觸許多不同的創意與人士，但是，如果經由毛遂自薦的電子郵件進行接觸，你一不小心就會手忙腳亂。「很可能一進來就花上整天時間在處理電子郵件，」他警告說。辦公時間提供一個好方法，讓投資者平衡這些相互拉鋸的力量。

夏農的框架解釋了這些案例為何如此成功。就大部分的協調而言，比起來回收發電子郵件，預先設定辦公時間可以大幅減少認知循環成本。不過，必須等到下次安排好的辦公時間才能溝通，這可能造成不方便成本。辦公時間協定似乎最適合不太受到這種延遲衝擊的活動。因此，Basecamp 的專家與波士頓創投資本家才會接受辦公時間：他們減少令人分心的電子郵件所造成的龐大認知成本，同時採取不會嚴重影響日常效率的延遲。這也是我在二〇一六年建議以辦公時間取代**所有**通訊卻招來異議的原因：許多目前使用電郵來進行的協調，長久延遲將造成龐大成本。結論是，當你發現自己參與的協調活動既頻繁又不緊急的話，辦公時間協定或許可以大幅降低成本。

客戶協定

一九九〇年代後期，青少年的我對於第一波網路熱潮興奮不已，便和友人麥可．席蒙斯（Michael Simmons）共同創辦一家科技公司。因為我們住在紐澤西州普林斯頓附近，並且覺得這是一個聽起來頗具聲望的地址，我們將公司取名為普林斯頓網路解決方案（Princeton Web Solutions）。我們的專業是網站設計，用手寫編碼的方式為這個地區的小企業架設網站來起步，然而，後來麥可在線上結識一群印度的自由開發者。我們很快便了解到兩件事。第一，這個團隊比我們更懂網站開發，第二，他們的收費以當時美國標準來看非常低廉。我們達成一項協議，我們去找客戶及管理專案，印度團隊則進行實際繪圖設計與ＨＴＭＬ編寫。我記憶中，我們最初的合約大概是一千美元。有了新團隊，我們開始接到一萬五千至四萬美元之間的合約。當然，這一切的問題是，我們是一九九〇年代的青少年，意思是我們成天待在學校裡，又沒有手機。結果，我們為挑剔的客戶管理大型合約，而他們幾乎沒有辦法聯絡到我們。

為了解決這個問題，我們撰寫一份詳細的客戶協定。每位客戶有自己的使用者名稱和密碼，可以登入入口網站。登入之後，他們可以看到自己專案的詳細資訊。入口網站還有設計樣本與推出前的網站版本可供瀏覽，以及標註重要里程碑的行事曆。「工作日誌」會每日更新當天完成的工作。有關專案的最實際互動，是跟詳細專案流程有關的會議。這些會議都會有一份備忘錄，記錄我們的決定，再請客戶簽名，表示他們同意了。（我們發現這可以把我們著手開發之後，客戶卻改變心意的機率降到最低。）這些簽名備忘錄的掃描檔案可以在入口網站下載。

我們從未直接向客戶們解釋，我們依賴入口網站，只因為我們成天都在學校裡——但我想像他們自己猜得出來——我們只不過把事情整理好，讓上學這件事不構成問題。現在的設計師總是抱怨他們花了很多時間處理電子郵件。當時我們做的工作差不多相同，但是基本上完全不用電子郵件。

當然，我們不是唯一堅持用智慧方式做好客戶管理的人。我在第一章提到西恩改革他的小型科技公司工作流的故事。在那個故事裡，比起其他事情，把他逼到瀕臨崩潰的是不勝負荷的客戶通訊。西恩表示，一名極為挑剔的客戶要求加入他們的內部Slack之後，事情開始一發不可收拾——Slack的通知聲變成持續不斷的背景嗡嗡聲，每個訊息都帶來該名客戶另一項讓人焦慮的要求。不意外的，當西恩決定把公司的過動蜂巢思維替換為更好的做法時，他的一大焦點便是與客戶的互動。

西恩的公司開始在每份工作聲明中增列一個「通訊」條款。「我們希望客戶在專案之前便了解到這點。」他跟我表示。新條款載明客戶與公司之間的通訊規則，西恩向我強調，其中包括緊急事件發生時該怎麼做。在大多時候，標準做法是預先安排每週與客戶視訊會議，之後寄送書面會議紀錄給客戶。負責客戶關係的西恩合夥人，對於這項改變很焦慮。「他擔心客戶為此感到不悅，因為我們是一家使用者體驗公司，因此，體驗至關重要，」西恩說明。「可是，客戶們絕對變得更開心了。關鍵在於管理預期。」

儘管我們沒有使用這個名詞，西恩和我的高中公司均使用更好的通訊協定來因應公司與客戶之間的互動。藉由這種方法，我們大幅減少這種協調的平均成本。研究過其他客戶協定的例子以後，我找出一些實用的重點來協助大家成功。

第一，在設法降低成本時，除了你自己，也要考慮客戶的成本。客戶協定能夠成功的一大關鍵是，它能否同時減少**客戶**的認知循環或不方便。很少有客戶喜歡無止境地寫電郵給你。他們往往覺得被迫這麼做，因為他們不知道還有什麼其他聯絡方式可以確定工作做好了。我在普林斯頓網路解決方案學到，我們入口網站的性質並未惹怒客戶，反而讓他們安心，因為他們不必浪費精神來擔心我們的合約。相反的，如果你提出的通訊協定讓你感到輕鬆，卻讓客戶增加成本，你便很難說服別人。舉個極端的例子：強迫客戶每次需要什麼時，都須把詳細要求傳真給你。

另一個重點是，明確性是必要的。西恩的公司在所有客戶都要簽署的工作聲明當中，列入客戶協定的詳細說明。這很聰明。如果他們只是跟客戶建議說，每週召開視訊會議便已足夠，客戶一遇到小小的不方便，便很可能立即回到蜂巢思維。然而，一旦在合約中載明，客戶便可能可以忍受小小的不便，日後進而明白他們其實喜歡這套有架構的系統所降低的平均成本。

最後，儘管你已盡心盡力，總會有一些客戶不適合這些協定。我和一位曾在華府一個十二人機構服務的通訊顧問談過。她告訴我，針對許多客戶，他們使用西恩公司方法的變化版本：每週安排視訊會議，之後就所有討論重點做書面紀錄。然而，針對某些客戶，他們提供危機通訊服務。這些客戶在發生公關危機時，需要得到**立即**回應，因此，他們的協定簡化為「萬一發生任何事情，馬上打電話。」換句話說，這些協定的細節視工作類型而定。

這項方法對某些人行不通，不是因為他們的工作性質，而是因為性格。以技術性用語來說，我指的是那種喜歡糾纏他人好覺得自己很重要的傢伙。提摩西．費里斯在他二〇〇七年的暢銷書《一週工作 4 小時》就曾討論過這種情況。在討論到他如何升級他的營養補充品公司 BrainQuicken 的工作流時，他談到他最後「開除」一名製造壓力又愛挑釁的客戶。竟然開除不良客戶，這種想法或許令你緊張。「那段文字嚇了我一跳，」科技公司Shopify的執行長托比・盧克（Tobi Lütke）在《*Inc.*》雜誌一篇介紹費里斯的文章裡指出。「如果你去到商學院，說要開除一名客戶，他們會把你趕出去。可是我的經驗確實如此。它讓你找出你真正想要合作的客戶群。」夏農的框架驗證了這項開除客戶策略的邏輯。雖然你的確會在短期內虧錢，但同時，你亦消除了認知成本。在你開始認真對待認知成本之後，你就比較容易拋棄給你帶來的心理壓力大過改善即期財務的客戶。

總結來說，如果你需要面對客戶，優化的客戶通訊協定將是你擺脫過動蜂巢思維工作流的這趟旅途中的關鍵，這點應該很清楚了。

非個人電郵協定

我們日常生活的一些層面已然如此熟悉，很難想像竟然有其他方式。其中一個例子便是電郵信箱的標準格式：某某人@某某公司。這種格式很簡潔優雅。當你寄送一封電郵，電郵協定會將信件導引至信箱指定的公司。送達之後，公司電郵伺服器會把信件交給@符號左側的指定收件者。電郵信箱設有收件者欄位，我們都覺得理所當然。可是，若我們退後一步、用新的眼光加以審視，便會發現一個有趣的問題：為什麼電郵信箱的收件者幾乎千篇一律都是人，比方說，不是部門、專案或活動？

這個問題的歷史性答案可以追溯到最原始的郵件系統之一。一九六〇年代初期，電腦仍是龐大、昂貴的主機，需要特設的房間與維修人員。想要使用這些機器，你必須排隊才行，輪到你的時候，你可以暫時完全控制這具數位巨獸，並希望在你的時段結束之前，它可以運算出你那很可能是以打洞的卡片來輸入的程式。麻省理工學院的工程師對於這種設定感到挫折，心想一定有更好的方法可以分享主機存取。他們在一九六一年麻省理工運算中心推出的解決方案，名為相容分時系統（CTSS）。它為運算界帶來一種革命性事物：讓多名使用者能同時使用連線的終端機登入同一部主機電腦的能力。這些使用者並不是同步在控制電腦，而是主機上的分時作業系統在不同使用者之間迅速切換，為一名使用者做一點運算，然後換去給另一名使用者做一些運算，如此這般。可是，以使用者觀點來看，每個人真的感覺好像他們包攬了主機。

由CTSS跳到電子郵件是很自然的。分時提出的一項特性是每個使用者帳戶有自己的目錄，其中的檔案一部分是私人的，一部分可供系統上其他人存取。聰明的CTSS初期使用者想到，他們可以在其他人的目錄裡留下訊息。及至一九六五年，這種行為被標準化，成為MAIL指令，由軟體工程師湯姆・范佛勒克（Tom Van Vleck）與諾埃爾・莫里斯（Noel Morris）提出。它在每個使用者的目錄裡置入一個名為「郵箱」（MAIL BOX）的檔案。當你使用MAIL指令寄一封訊息給一名特定使用者，它就會被附加在那個人的郵箱檔案內。人們可以使用這項工具來閱讀及刪除他們自己郵箱檔案裡的訊息。

換句話說，最初的電郵帳戶和個人有關，是因為主機分時系統的使用者帳戶原本就是這樣設定的。在建立這種連結之後，便一直維持這樣。工程師雷・湯林森（Ray Tomlinson），開發出MAIL這類分時傳訊工具的進階版本，並設計了後來某某人@某某公司的標準郵件位址形式。

如此隨意而自然地決定將電子郵件與個人連結在一起，最後卻成為促使過動蜂巢思維工作流興起的原因之一。如同本書第一部提過的，蜂巢思維放大了我們向來以小群體協調的自然模式：沒有組織、任務導向、來回聊天。由於電郵信箱與人有關，這項工具很容易便被用來支援這類對話，一發不可收拾，最後導致無法控制的通訊。換作是電郵信箱用來聯繫專案或團隊的平行宇宙，蜂巢思維工作流或許就感覺沒有那麼自然，因此可能更難流行起來。

詳細說明這段歷史，是為了讓大家放棄電郵信箱與個人有關的常規，尤其是在找尋有效率的通訊協定時。藉由中斷電郵與人的連結這個重大的表態，你將會動搖每個人對於**應該**如何展開通訊的預期，讓你更容易使用更合理的協定，來重建這種預期。

以本章討論過的客戶通訊協定來舉例說明。若客戶習慣一遇到問題便聯絡你公司裡的某個人，你或許很難消除他們對快速回覆的預期。他們將這些互動擬人化，而將延遲回覆視同冒犯他們個人（**你為什麼無視我**?!）。現在，想像每位客戶均被設定了一個專屬郵箱，格式是客戶名稱@你的公司.com。這樣便很容易消除他們是寄出訊息給一個人、後者馬上就會看到，最好趕快回覆這類想法！消除通訊的個人因素之後，你便有更多選項來加以優化。

我運用基於這些概念的協定來管理我的作者通訊。以前我只使用一個電郵信箱讓讀者聯絡我，用我的姓名做為信箱，結果信件變得無法應付：不只是數量而已，還有其複雜性。當你認為自己在跟一個人互動，便會自然假設他們會很理所當然地願意閱讀你的長篇故事，然後提出詳細的意見，或是安排打電話以討論你的事業機會，或是替你介紹人脈。我以往很樂意這麼做，但隨著讀者群成長，就愈來愈難辦到了。

為了改進我的作者通訊協定，我啟用非個人電郵信箱。例如，其中一個是interesting@calnewport.com，供讀者寄送有趣的連結或報紙導語。信箱底下有個簡單說明：「我很欣賞這些提點，但因時間有限，我通常無法回覆。」依照我的經驗，如果你在個人信箱，例如cal@calnewport.com的旁邊加註這種說明，會引起反感，因為我們強烈預期一對一的互動。但是，在非個人信箱加註這種說明，例如interesting@calnewport.com，我便很少收到抱怨——沒有先入為主的期望，你便可以從頭開始設定協定。

有很多不同方式可在你的專業生活或組織之中，建立低成本的協定，但在許多時候，不使用個人電郵信箱，可以強力促進這些努力。

簡短郵件協定

二〇一七年，時任南加大校長的傑出學者麥克斯・尼奇亞斯（C. L. Max Nikias）在《華爾街日報》撰寫一篇奇特的投書。他不是在討論為他贏得美國國家工程學院（National Academy of Engineering）及美國文理學院（American Academy of Arts and Sciences）院士席位的研究成果；也不是在撰寫他所主持的六十億美元募資活動，或是啟用的新校園，或是他在擔任南加大校長七年期間，新增設置的一百個贊助講座教授席位。他的主題是比較普世的：電子郵件。

尼奇亞斯說明，在他的職位，他一天會收到三百封以上的電郵，而這構成了問題。「身為領導人的重點是要推動組織朝向有意義的方向前進，」他寫道，「然而，電郵適得其反，阻撓領導人完成任何積極主動或有長遠意義的事情。」為了避免花時間「盯著螢幕，無盡地回信」，尼奇亞斯想出一個簡單的解決方案：「我的電子郵件都寫得很簡短，不超過一般簡訊（的長度）。」需要更多互動、無法以簡訊長度回覆的電郵怎麼辦呢？尼奇亞斯會打電話給那個人，或者請他們安排會議。「人類溝通的關鍵微妙性，原本就無法好好傳譯到網路上。」他解釋說。

尼奇亞斯不是唯一實驗簡短郵件的人。在二〇〇七年，網路設計師麥克・大衛森（Mike Davidson）在他的個人部落格發表了一篇文章，題目為「電郵超載的低傳真解決方案」（A Low-Fi Solution to E-mail Overload）。在這篇貼文，大衛森述說他對電郵通訊的不對稱性質感到不滿。「很多時候，寄件者會提出兩或三個一句話的開放式問題，卻需要用數個段落來回答，」他寫說。「這種情況下，寄件者只花一分鐘，而收件者則可能必須花一小時。」他提出和尼奇亞斯一樣的解決方案：**所有的**電子郵件都寫得很簡短。他同樣認為簡訊一百六十個英文字母是個合理的目標，不過，計算字數需要特別的外掛程式，因此他使用簡單的類似方法：他的所有電郵都限制在五個句子以內。

為了「委婉地」對通訊者解釋這項規則，大衛森架設一個簡單網站 http:// five.sentenc.es，在極簡風格的登陸頁面簡略說明這項政策。然後，他在所有電子郵件結尾附加如下所列的簽名：

問：為何這封郵件不到五句話？

答：http://five.sentenc.es

大衛森在這篇導言式貼文最後指出：「藉由確保我所寄出的電子郵件都花費相同的時間（即「不太多」），我讓所有郵件都位於公平立場，最終可回應到更多郵件。」

嚴格限制電郵長度不只是一個花招而已。而是代表我們數位時代鮮少人採取的一項步驟：明確限制電子郵件應該與**不應該**用來完成的事情。過動蜂巢思維工作流希望電郵成為中立的載具，支援有彈性、無組織、持續性的各類型對話。簡短郵件運動推翻這項承諾。它將郵件明訂為簡短問題、簡短答案與簡短更新的實用工具，而較為複雜的內容則須使用更適合這種交流的不同通訊種類。這或許在當下很痛苦，但由夏農框架的觀點來看，這種協定在長期將可創造較低的平均成本。

尼奇亞斯在投書《華爾街日報》時舉例指出，在他監督該大學史上最大規模的校園擴建時，他定期收到建築經理的電子郵件，內容包括設計更新或是需要迅速同意的小幅變更要求（「由磚塊樣本到彩色玻璃窗的所有東西」）。這是電子郵件很好的用途：建築經理若是為了這些許可，每次都要打電話或開會去打擾尼奇亞斯，後者整個行事曆都會被吞噬。反過來，尼奇亞斯說明，若是一個建築問題需要「重大」討論，他立即把它由收件匣挑出來，打電話討論。

若運用妥當，這些簡短郵件政策將執行有效協定，將電郵用於最合適的通訊（迅速且非同步），迫使人們用更好的媒介去溝通其他事情。永遠把電郵寫得很簡短是一項簡單規則，但其效應很深遠。一旦你不再認為電子郵件是隨時可以拿來討論任何事情的綜合用途工具，它對你的注意力的束縛便會削弱。

狀態會議協定

二〇〇二年，麥可・希克斯（Michael Hicks）和傑佛瑞・福斯特（Jeffrey Foster）成為馬里蘭大學電腦科學系的新任助理教授，開始合作設立一個研究小組。由於必須指導他們僱用的學生，希克斯與福斯特運用了電腦科學教授們幾乎無人不用的一項策略：他們安排跟每位學生每週開會，確認他們的進度，並且一起研究解決問題。

有一陣子，這個方法很順利。如同許多資淺的教授，希克斯與福斯特只有兩個或三個學生需要督導，在研究與教學之外的額外工作量很輕。然而，他們在二〇一〇年發表的一份生產力研究技術性報告指出，隨著他們職涯的前進，這種標準的指導策略逐漸「達到極限」。他們由兩人總共督導兩個或三個學生，變成每人六或七個學生。隨著他們的指導工作量增加，他們評閱論文與撰寫獎助金申請的外部邀約也增加，進一步限制了他們的空閒時間。

他們每週與每個學生的開會變得「極其無效率」，因為他們總是安排相同的時間長度，大約半小時或一小時，卻幾乎從來都不合適——有時他們只需要十分鐘來更新狀態，其他時候，他們需要兩個小時來解決一個特別困難的問題。

希克斯與福斯特愈來愈忙的日程，使得他們很難在每週既定會議之外再增加時間與更多學生開會。於是，有些學生們受到忽略。如果有人遇到了問題，可能要等上一週才能和他們討論解決方法。希克斯與福斯特亦注意到，一對一開會無法在他們研究小組間營造社群感。「我們設立了一組很棒的個別學生，而不是一個合作研究小組，」他們寫道。考量到這些問題，他們的結論很簡單：「顯然，有些事情必須改變。」

促使他們做出改變的是希克斯在二〇〇六年參加的一場研究會議。他和以前研究所的辦公室同事聊天，後者之後從事軟體開發。那位老同事跟希克斯講起他超愛用Scrum，他的雇主使用這種敏捷的方法來組織軟體開發工作。希克斯對這個主意產生共鳴。回到馬里蘭之後，他向福斯特建議，軟體開發界這些奇特的組織技巧，或許正是他們讓研究小組能更有效率運作所需要的。

我在第五章討論任務看板的部分介紹過敏捷方法和Scrum。在這項策略的各種元素當中，希克斯與福斯特最有共鳴的是每日會議原則。你或許記得，在標準版的Scrum，軟體開發團隊將工作切割成幾段衝刺：用二到四週的時間，全力開發某一組功能。在衝刺期間，團隊每天早上開會十五分鐘，這種聚會稱為一次scrum。在這種會議，每位小組成員回答下列三個問題：(1)自從上次scrum會議之後，你做了什麼？

(2)你有遇到任何阻礙嗎?(3)在下次 scrum 會議之前,你要做什麼?當天接下來,他們確實執行目標。在軟體界,這種協調方法比一整天寫郵件或即時通訊更有效率。為了貫徹十五分鐘的限制,進而避免開會拖長到浪費時間的程度,scrum 會議向來要求每個人都站著。

希克斯與福斯特將每日會議概念應用到他們的研究小組。他們不是每日開會,而是每個週一、週三與週五。他們亦將會議取名為「狀態會議」。其他方面的細節大致維持不變:這些會晤進行十五分鐘,研究小組每個人回答相同的三個問題。他們甚至嘗試站著開會,「意外的是,」這樣確實協助他們遵守時間限制。希克斯與福斯特也參與其中,跟學生報告他們自己的每日活動。他們將這套修改後的系統稱為SCORE。

希克斯與福斯特這套 SCORE 系統的一項關鍵是,明確區隔狀態會議與更為深入的技術性討論。假如在一次狀態會議上,一名學生顯然需要更為詳細的討論才能有所進展,他們當場安排另外的「技術會議」。不同於以前每週開會,這些技術會議只在必要時才安排。因為在安排會議時便很清楚其目的,開會往往很有效率——參加的人都知道討論的目標是什麼。希克斯與福斯特說明，由於他們在行事曆上清除了與每位學生的既定每週會議，他們便有更多空檔來安排這些有必要時才舉行的會議。

這兩位教授好奇學生們是否和他們一樣喜歡SCORE系統，便對研究小組進行了一項正式調查。他們請學生評估他們做為研究生的研究體驗中，七個不同的層面，包括「與顧問間的互動品質」、「生產力層級」與「研究熱情」。他們另外請那些在SCORE設立之前的學生，評估對於小組組織老方法的體驗。「回覆是一面倒的肯定，」希克斯與福斯特總結。「SCORE改善了學生們在我們設想的各方面的體驗。」

希克斯與福斯特由Scrum方法萃取出來的定期狀態會議，是一項既強力又可廣泛應用的通訊協定。在許多不同的知識工作環境，運用這些簡短開會，一週三至五次，可以大幅減少一整天公務電郵或即時通訊的互動，因為定期開會時大家同步談過了。這是用狀態會議需要的少量認知循環，交換凌亂來回通訊協調所需要的大量循環。希克斯與福斯特指出，簡短開會的定期節奏亦營造出一種「動能」，讓人們對自己的工作更有好感，體驗到更高的生產力。它同時增加團體凝聚力，因為每個人都知道其他人在做什麼。

這項協定附帶一些不方便成本。尤其是假如你立刻需要一個問題的答案，或者需要協助以克服一個障礙的話，必須等到下次狀態會議或許令人不悅。然而，在我所調查採用這些定期開會的團體裡，這些不良事件發生的頻率，遠低於人們擔心的程度。當然，你總是可以設立備用協定來減緩這種疑慮（例如，「萬一在下次狀態會議之前發生了什麼緊急事情，就來我的辦公室敲門」）。

這個通訊協定一個較大的問題是，假如你讓狀態會議拖得愈長，愈不聚焦，它的效率便會迅速消失。希克斯與福斯特描述他們自己的經驗：

> 二〇〇七年秋季的會議將近三十分鐘，因為學生們在會中與導師討論較多技術問題。雖然較長的會議提供了更多技術資訊，卻無法引起更多小組成員的興趣或貢獻。正好相反，會議拖長後變得無聊乏味，於是我們要求自己讓會議維持簡

短。

許多他們訪調的學生強調會議時間長度的重要性。這是 Scrum 社群十分了解的一個概念。簡短、有組織的會議更有力量。一旦你放任這種會議淪為鬆散、制式化的開會，便會變成乏味的負擔。

這種區分很重要。舉例來說，在學術界，一群教授常常合作進行專案，例如共同撰寫研究報告或者系上委員會。協助「推動專案」的一個標準方法是設立定期會議，通常每週舉行，為時一小時。其動機是利用日曆上的約定——一種大多數人予以尊重的傳統——來激發生產力。這裡的想法是，假如你必須每週參加專案會議，你應該會按照時間把工作做好。這些會議**完全不像** Scrum 風格的狀態會議。前者基本上是放棄責任——承認你沒辦法有條有理地獨立完成工作，所以才需要會議來強迫自己覺得有進展——而後者則讓你更有力量，能獨立完成更多工作。每週開會間隔太長又很模糊，占用太多時間，大家往往模稜兩可及轉移話題，逃避許下承諾。相反的，狀態會議的開會頻率剛好，又對與會者提出問題作為架構：你做了什麼，接著要做什麼，有什麼阻礙嗎？這兩種會議不可混為一談。

如果你在一個有著共同專業目標的團體工作，而你覺得工作產生太多令人分心的訊息或漫無目標的會議，貫徹執行的狀態會議將可大幅改變你的生產力。如同希克斯與福斯特的發現，讓人不勝負荷、分割注意力的來回互動，可以被壓縮為簡短檢討的經常性會議，真的很神奇。

第七章

專業化原則

生產力謎題

在其一九九六年暢銷書《科技反撲——萬物對人類展開報復》(*Why Things Bite Back: Technology and the Revenge of Unintended Consequences*)中，獨立學者與作家愛德華．田納(Edward Tenner)談到一個既重要又普遍被忽視的「生產力謎題」：為什麼個人電腦降臨職場，卻未如預期中提升我們的生產力？田納寫道，「一九八〇年代及一九九〇年代初對於電腦的巨大投資」，讓辦公室員工感覺「自治、掌控全局、更有力量，而且絕對更有生產力」。它被比喻為第二次工業革命，將以無比正面的方式來改變工作。「可是，等到一九八〇年代結束時，大家逐漸覺得有什麼事情不對勁。」及至一九九〇年代初，「來自技術專家文化」的人士——經濟學家、商業教授、顧問——開始注意到電腦預想中的好處並不盡然實現了。

這種懷疑有部分係令人心寒的數據所引起。田納引用經濟學家史蒂芬・羅奇（Stephen Roach）的一項研究，其結果發現在一九八〇到一九八九年之間，服務業對尖端科技的投資成長逾一一六%（以每名員工計算），而同期的員工產出卻成長不到二・二%。他另外引用布魯金斯研究院（Brookings Institution）及美國聯準會（Federal Reserve）的經濟學家所做的一項研究，計算出「電腦與周邊產品對一九八七至一九九三年的企業產出實質成長只貢獻不超過〇・二%」。

即便沒有這項資料，許多人亦同樣認為，一夕之間似乎無所不在的個人電腦並沒有實現其承諾。在電腦革命之前與之後都存在的職業，這些缺點尤其明顯。我的祖父和我一樣是大學教授。我大部分時間都與高速無線連網的強大可攜式電腦互動。對照之下，祖父直到退休後才購買他的第一部電腦（我幫他組裝的），且沒有證據顯示他曾用過它。他把他的書寫在黃色拍紙簿上，之後再由助理打字，他不需要網路來做研究，因為他的辦公室像座龐大的私人圖書館，堆滿他研究的主題資料。我可以列出我人生中電腦幫忙簡化的許多小規模工作。可是，如果說到學者最重視的大全景指標——研究產出與學術影響——我不能說我比祖父更有生產力，尤其是他著作等身，獲得萊斯大學宗教研究的贊助講座教授席位，生涯最終擔任一所大型理工學院的教務長。

田納為這個謎題提供數項解釋，不過他的主要論點之一是，電腦非但沒有減少勞動，反而產生更多工作。這些額外工作有一部分是直接的。電腦系統很複雜，每幾年就需要更換，因為既有技術變得陳舊。它們亦經常故障。結果導致龐大的時間投資，用來學習新系統以及讓系統投入工作。舉例來說，我在寫作這一章的時候，我的演說經紀人到我的辦公室來拜訪。我們談到職場無效率的話題時，他跟我講起他們經紀公司面臨的一個困境，因為他們試圖用 Salesforce 客戶關係管理系統來滿足公司的特定需求。經過無數小時的調整之後，他們終究還是聘請一名專家來專門應付這套系統。相較於以前使用名片及名片盒的舊時代，我的經紀人並不認為他們實際上增加了生產力。

然而，更難以捉摸的是個人電腦造成的間接勞動增加。田納指出，個人電腦的主要問題並不是它們把個人任務變得更難了，而是把它們變得**太簡單了**。他以一篇一九九二年著名的報告來說明，那是喬治亞理工學院經濟學家彼得．沙松（Peter G. Sassone）在期刊《國家生產力評論》（*National Productivity Review*）所發表的。在一九八五年至一九九一年，沙松研究五大美國企業的二十個部門，特別注意個人電腦等辦公室新科技降臨所造成的影響。

沙松指出，從事高度專業化工作的人士，花在行政工作的時間愈來愈多。「這項研究裡，大多數公司的主要特色是智慧型非專業化。」他寫道。他指出，這種不平衡的直接原因是上重下輕的人員結構，高技能專業人員多，而行政人員少。他認為其理由是「辦公室自動化」，許多公司為支付高昂的電腦系統，而削減以往負責執行電腦現已「簡化」的功能的行政人員。

沙松認為，這種取捨是歪斜的。削減行政人員之後，高技能專業人士便愈來愈不專業，因為他們必須花更多時間去做行政作業，電腦已將這些作業變得簡單到他們可以自行處理。結果就是，整個市場如今需要**更多**這些專業人士來創造等量的價值產出，因為他們執行專業工作的心力變少了。由於專業人士的薪水遠高於行政人員，以更多專業人士來取代行政人員所費不貲。沙松計算數值後指出，他研究的公司只要僱用更多行政人員，讓專業人士提高生產力，便可立即減少一五%的人事成本。沙松認為，這項分析為個人電腦時代初期的生產力遲滯提供一個有力的答案。「事實上，在許多案例裡，公司運用科技去減少而非提升智慧型專業。」他寫道。

在這幾十年來，沙松研究的非專業化問題益趨惡化。擁有高度訓練技能、可以用腦力創造高價值產出的知識工作者，花許多時間跟電腦系統較勁，安排會議、填寫表格、跟文書處理器和PowerPoint奮戰，當然，最重要的，還有收發所有人對所有事不斷傳來的電子訊息。我們自認進步，因為我們不再需要祕書或打字員，可是我們沒有計算到我們實際完成的價值提升工作縮水了多少。我對於自己從事的學術界喪失專業化感到挫敗，而在二〇一九年投書《高等教育紀事報》週刊（*The Chronicle of Higher Education*），詳細指出教授們在潛在的智慧產出大幅減少的許多方面，及其主因是科技進步造成的需求增加了。編輯給這篇文章取了個挑釁的標題：〈電子郵件把教授們變笨了？〉（Is Email Making Professors Stupid?），結果成為該週刊當年度點閱率最高的文章之一。

田納指出，經濟學教科書在說明效率勞動市場的概念時，總是講述城裡頂尖的律師正巧也是頂尖打字員的故事。教科書故事的結論顯然是，律師不僱用打字員就太笨了。如果律師每小時收費五百美元，而打字員每小時五十美元，那麼律師把打字工作外包，自己有更多時間去做法律工作，顯然會好很多。這麼看來，電腦降臨職場，模糊了這項以往顯而易見的事實。我們都變成了花時間在打字的律師。

在近期職場歷史的這個版本，電腦科技降臨則是導致知識工作領域中專業化的縮減。正如前述資料所強調的，這種轉變可能為這個產業造成重大經濟影響。不過，我們會在此討論的原因，是它亦對我們脫離過動蜂巢思維工作流的目標形成重大衝擊。非專業工作環境的任務數量與種類，讓蜂巢思維工作流變成**無可避免**。當你面對不相關任務大量湧入，你就沒有時間餘裕來創造更聰明的替代工作流——太多事情在轟炸你，你根本無法把每件事一一納入優化的流程。換句話說，在抵禦預期外的職責傾巢來襲時，任務導向、無組織的傳訊很快便成為不讓自己遭到滅頂的唯一合理選項。

這種現實形成一種討厭的、打擊生產力的循環。當你超載時，你會被迫依賴蜂巢思維的彈性。然而，這種工作流導致你的專注力被切割得更為細碎，讓你做事情更沒有效率。其結果是：超載加重！如此惡性循環下去，你最後將淪落到無效率沮喪的滅頂狀態，覺得自己能夠精心規劃更為智慧的工作流的想法變得難以置信。

因此，如果我們希望馴服過動蜂巢思維，首先我們必須馴服非專業化的趨勢。藉由減少你必須處理的不同職責數目，你便可獲得喘息空間，然後優化你用來處理剩餘職責的工作流——提升生產力後連環出擊，完全改造你或者你的組織的效率。這一章將請你接受下列原則，做為擺脫蜂巢思維的關鍵步驟：

專業化原則

在知識工作上，做少一點事情，但追求更高的品質、更為盡責地做每件事，將可成為大幅增加生產力的基礎。

少即是多的概念，或許一開始會令人覺得不安，尤其是在競爭激烈的職場。有些人害怕萬一自己減少接下工作，或推掉並非自己專長的工作，他們會顯得沒有團隊精神，甚或可能丟掉工作。但是，如同葛瑞格．麥基昂（Greg McKeown）在他的二〇一四年暢銷書《少，但是更好》（*Essentialism*）所指出，或許是正好相反。他講述了一位名叫山姆的企業高階主管的故事，山姆努力想在任職的矽谷公司做個「好公民」，什麼事都答應，導致長期工作超載的嚴重情況。最後，公司向他提議提早退休的方案。山姆考慮接受退休方案，自己去開顧問公司，可是向某位導師諮詢後，他決定留在公司。只不過，他不再什麼事都說好，只接受他覺得重要的工作。他想說自己反正沒什麼損失：如果雇主對此不滿，他還是可以接受退休方案，去做自己想做的事。

麥基昂表示，山姆不再自願在最後關頭接下簡報，並且改掉第一個加入郵件串的習慣。他不再參加不相關的視訊會議，同時明白了有人寄給他會議邀請，並不表示他一定要參加。他開始更常說不。如果他覺得自己沒有那個時間把事情做好，或者那不是優先事項，他就會率直地解釋並回絕。山姆擔心這有點「自以為是」，可是他的擔心是多餘的。沒有人對他不滿；他們反而欣賞他的明確。他的工作品質提升，主管們還發給他生涯以來最大筆獎金。

山姆的故事凸顯一項我們遺忘的真理：沒有什麼比持續創造價值產出的人更可貴，沒有什麼工作方法比能夠專注在重要事物上更令人滿意。這一章接下來要說明的策略，將協助個人與組織轉移到山姆所擁有的專業化形式：你的工作可以做更少，但是做更好的狀態；可以脫離過動蜂巢思維，採取較為緩慢、較有效率的工作方法的狀態。

個案研究：極端下的工作

二〇一九年春季，我錄製《瑞奇．洛爾播客》（*The Rich Roll Podcast*）的一項訪談。在那集，我們談到本書探討的一些概念。我提到，軟體開發商盛行的敏捷方法，是替代過動蜂巢思維工作流的一個有趣例子。過了幾個月，就在那集播客播出之後沒多久，我收到一封老式的印刷字體信函，寄到我的喬治城大學辦公室。那是一名資深矽谷軟體工程師兼主管葛瑞格．伍華德（Greg Woodward）寫來的。他提到，他剛聽到我和洛爾的訪談，對於我們討論敏捷方法格外感興趣。他說明，如果我真的想要了解優化工作流的潛能，我便需要知道他目前擔任科技長（CTO）的小型軟體新創公司。他們採取一種「採用各種敏捷做法，並且火力全開」的方法。它的取名很恰當，叫做**極端程式撰寫**；這個方法讓我極為吃驚。

伍華德取得史丹佛大學機械工程博士學位後，於一九九〇年代中期，開始在矽谷撰寫程式碼及管理開發團隊。他的博士論文是用一種有效率的演算法為美國太空總署（NASA）太空梭計畫進行物理模擬。他回想從事軟體開發「令人沮喪」的前十年，那段時期有著瀑布奔騰似的行程表，以及跟小說一樣厚的性能規格書。二〇〇五年，為了想要好好的寫程式，他在Pivotal實驗室（Pivotal Labs）找到一份工作，該公司以詭異但超高生產力的軟體開發方法在矽谷圈內聞名。他們稱之為極端程式撰寫，簡稱XP。伍華德向我說明，這種方法是無所不用其極地優化。「XP取經自所有的軟體開發最佳慣例，」他說，「廣泛進行調整，然後丟棄不適用的。」伍華德成為它的信奉者。在Pivotal工作數年後，他把XP方法帶到他之後協助管理的每家公司。

以下是XP的一些核心概念（但並非全部）。進行一項大型專案的軟體工程師被分成較小的開發團隊，通常不超過十人。在遠距工作益趨普遍的時代，XP開發團隊則是在同一個實體房間內工作，在這裡面對面溝通的重要性高於數位溝通。「我們很少一整天查看電子郵件，」伍華德向我講述他目前管理的開發團隊，「有時候，我的開發人員真的好幾天都不收信。」如果你需要問其他團隊成員什麼事情，你便等到他們看似工作到一個自然的段落，再走過去問他。伍華德表示，這種對話比「電子郵件有效率一百倍」。

我從許多軟體開發者聽到的一項抱怨是，他們時常受到團隊外人員的電子干擾，例如行銷部門的人員或是客戶——造成持續的中斷，讓他們擱下開發軟體的工作。我詢問伍華德，XP如何因應這些干擾。「專案經理擔任與公司其他人員及客戶的聯絡人，」他說明。「（這些外部人士）知道要將他們的功能要求、錯誤報告等等送給專案經理轉達……開發團隊便不受打擾。」專案經理將這些互動提出的所有任務排出優先順序。團隊按照順序一次處理一項任務，等完成一項任務後，再決定接下來要處理哪個。

XP一個較為極端的因素是堅持所謂的結對程式撰寫。XP開發者兩人一組共用一部電腦。「不懂的經理會以為，兩名開發者在同一部電腦做同一件事，生產力只有五〇%，」伍華德解釋。「實際上，你反而得到三到四倍的**更多**生產力。」他進一步指出，寫程式的關鍵步驟不是將指令輸入電腦的實際動作，而是規劃解決方案再翻譯為程式碼。跟另一個人合作時，你們可以檢討彼此的想法，找出缺陷，並想出可能更好的新角度。

為了闡述這個概念，伍華德舉出我們對話兩週前發生的一個例子。他說明，那時候他想到一項軟體功能，可以「大幅提高性能」。他是在開車前往舊金山辦公室的途中想到這個主意。「等我開始上班的時候，我覺得我把執行這項功能的策略都想通了。」伍華德坐下來，開始向他當天的結對夥伴說明他的想法。他們討論了四十五分鐘。在談話之中，他的夥伴「指出策略的幾個漏洞」，並且找出可能不如伍華德預期運作良好的「邊緣案例」。他的夥伴接著靈機一動，想到他們或許可以去除系統裡的某個訊息種類，避免最嚴重的一些問題。等到中午，他們已設立好新的改良系統並執行。伍華德解釋，「我確定，假如我進行我在開車時想到的設計，將需要數日來實施；所以說，生產力提高了三到四倍。」思量軟體工程師結對工作的效率增進了多少，他認定是最好的：「驚人地強力。」

XP方法的另一個生產力源頭是強度。和夥伴一同工作時，你必須專注在工作上。你沒有辦法去檢查電郵或在網路上閒逛而打斷你的專心，因為這麼做的話，你的夥伴就會呆坐著不高興，等你回復專注力。況且，在預期你全心專注於手邊問題的工作文化下，又有專案經理幫你擋掉分心的事情，你最後會把大部分時間用來確實完成艱難的工作。XP是我看過最接近純粹深度工作環境的成功運用案例。

在這種強度之下，XP的另一個核心信條是「持久的步調」。奉行這種方法的人，大多堅守傳統的每週工作四十小時，不同於矽谷常見的七十到八十小時。「在XP的環境下，我們希望你進公司後超級努力工作八小時，然後回家，把心思放到其他事物上，」伍華德解釋。這不是故做慷慨，而是認知到人類心思的極限。「非XP工作流公司的一般工程師，或許一天僅實際工作二到三小時，其餘時間都花在逛網路及收發電郵。」在你真正**工作**時——而不是寄送有關工作的訊息，而不是參加有關工作的會議——一天八小時是很累人的。伍華德說明，工程師加入XP團隊後，通常覺得「累斃了」。實際專注八小時的強度很驚人，許多XP菜鳥在第一週，下班回家倒頭就睡。一些工程師始終無法適應這種專注的文化，或者令人壓力更大的極端盡責文化（在XP辦公室不能打混，不能掩飾無能）。他們很快便逃去更為傳統的軟體公司，可用裝腔作勢來隱藏缺點，或者裝做很忙，來替代真正用腦力創造價值產出的辛苦、但令人滿意的工作。

專業化原則的核心是少即是多的概念。如果你設計的工作流讓知識工作者將大部分時間在不受打擾下，專注做他們專長的活動，你所創造出的總價值將遠高於相同的工作者，將專注力分散在許多不同的活動上。後者通常是眼前更為便利的選項，卻鮮少是長期最具生產力的。極端程式撰寫凸顯出拒絕現狀、全力投入專業化的可能性。

我想像XP開發團隊在僱用他們的大公司裡，必然是很難相處的，但是，當你看見他們創造出非凡成果的驚人速度，便很難去在意這種不便利。「八到十人的XP團隊，可以做四十到五十人非敏捷團隊的工作，」伍華德告訴我。「我看過很多次了。」

這是目前面臨專業化嚴重削弱的知識工作領域所需要的生產力提升。本章接下來將探討享受XP式專業化所帶來好處的策略。

做少一些，做好一些

在二〇一〇年的一篇文章，安妮・拉摩特（Anne Lamott）深思一則讓她的寫作課學生感到壓力的忠告。她跟他們說，創意性的追求能給人很大的回報，但她接著說出壞消息：「你必須花時間去做。」她說明，有抱負的作家必須了解自己「狂熱建立人際連結所造成的傷害——手機、電郵、簡訊和推特」。她接著列出她的學生必須減少的看似重要的活動，像是上健身房、打掃家裡、看新聞，假如他們真的想要寫出重要作品的話。這項忠告或許聽起來很直截了當，但拉摩特表示她的學生往往覺得很具挑戰性。他們過著忙碌的生活，一想到要減少那種忙碌便令人卻步。「我知道忙碌令人成癮，」她寫說，可是，帶來恆久意義與驕傲的創作成就容不下這種「旋風」。

專業寫作這類考究的職業，力求少做一些不重要的事情，好讓你可以把主要事情做好一些，是很有道理的。我們總愛想像小說家窩在小屋裡，不受打擾地埋頭寫作，對外界的干擾渾然不覺。可是，我們亦認為這種生活方式無法普及到較不浪漫的標準辦公室工作環境。而專業化原則卻認為應該要普及。大多數知識工作職位確實缺乏寫作的自治性與目標明確性，可是驅使作家們追求極簡環境的相同基本動能，適用於你需要專心動腦來創造價值的任何認知工作。在程式設計界，XP藉由嚴格的一套規則、公司管理階層的執行、經過數十年實行的琢磨，而爭取到這種極簡主義。接下來我們將探討兩種策略，在尚未存在這種架構的知識工作領域中，往這個目標推進。

減少工作策略＃1：將你做不好的事情外包

我在為這本書做研究的初期，收到一位企業家的電子郵件，我們稱他為史考特，他在四年前創立了一家成功的房屋裝潢公司。史考特說明，創業之後不久，他發現自己長期負荷過重。「我做了大多數創業者都會做的事，」他告訴我。「我有一群員工，接觸許多人，以推銷及建立人脈，並且積極經營Instagram。」他知道自己的價值是設計高雅與新穎的家具，然而他卻「成天都忙著不斷通訊」。

某個時候，或許是和他的顧問又多開了一次視訊會議之後，史考特覺得他受夠這種瞎忙了。「我都沒有在做我創業想做的事。」因此，他尋找方法以徹底減少他的日常職責。他的第一項舉動是和一家全國零售連鎖店簽署獨家躉售協議。此舉不僅大幅簡化配送，亦使他的公司不必再處理行銷、銷售和客服。他接著找到數家足以輕易處理該公司訂單的製造合作廠商。

史考特「清楚且直白」地跟這些合作廠商說明他的要求，然後授權他們自行決定，以協助推展業務。「我不想要成為不可或缺的樞紐。」他解釋。為了強調這項授權的重要性，他跟我講了一個十人會議的故事。開會目的是要確認使用於一款產品的新購入黑色釉料。「真是氣死人了，」他說。「交給**一個人**去做那項決定，不要再用電子郵件把每個人都加進來，大家才能工作！」

史考特表示，他現在一天「只收到幾封」電子郵件。他把重新拾回的心思投入在他認為自己最能創造價值的領域：「新設計項目、大策略決定，和長年設計問題的創新解決方案。」將大部分業務外包給零售和製造合作廠商，史考特減少了可見的獲利。如果他一手包辦所有事情，在足夠小心之下，他可以擠出更多效率，保留多一些營收。他同時放棄了一些控制權。他不再獨自策劃品牌形象，不像他不眠不休經營Instagram的時期，而且他必須接受製造協力廠商的原料限制。可是，史考特不在乎。藉由將全副精力投入在他的專長——設計好產品與擘劃大全景的策略決策——他公司的長期獲利大幅增加，遠高於在決定釉色的無數會議之間的空檔，抽空構思這一切時。

史考特的故事凸顯出提升自己工作專業化的有效策略：將你做不好且耗費時間的工作外包。運用這項策略所必須克服的主要障礙是，你可能必須付出短期代價，而後才能收穫長期利益。舉例來說，史考特必須放棄一些利潤和控制權，才能打造一家長期而言更加成功的公司。

在許多案例，外包的費用將直接由你的口袋掏出。二〇一六年，播客與企業家帕特．佛林（Pat Flynn）對於電子郵件感到忍無可忍。他回想起自己曾奉行**零封未讀**信件的概念：每天結束時把收件匣清零。後來，合作夥伴與聽眾占用他的時間愈來愈多，他把**百封未讀**當成新目標。有一天，他注意到自己的未讀信件暴增到九千封。他想要經營一家公司，結果卻淪為專業電子郵件管理員。

他的解決方案是僱用一名全職助理。佛林在一集Podcast中詳細說明，題目為「九千封未讀電郵到清零」。他和助理花了數週時間設立一套系統，好讓助理順利管理他的信箱。他們製作了一本規則手冊，讓她獨立處理幾乎所有信件，只有在需要時才請佛林過目。最重要的是，佛林不再覺得假如自己不一直收信，他的事業可能遭受損失。僱用高級助理的費用高昂。可是，佛林得出和史考特相似的結論：如果他不能投入大量時間在建立他的事業的專業活動，那麼創立公司有什麼意義？

如果你自己經營公司或者是自由工作者，當你認定非技能活動拖慢你的成長，便會開始注意到有許多機會可以削減不重要的活動。我遇到的其他例子包括僱用一名記帳員來管理帳冊與費用清單，使用虛擬助理來預訂開會與旅遊，找網路設計師來維持你的網站順利運作，請社群媒體顧問來管理你的線上品牌，或是授權給老練的客戶代表，無需你的介入便可做決定。生產力作家蘿拉·范德康（Laura Vanderkam）指出，我們應該更加積極地找出可以外包的工作。「舉例來說，一名合格、經驗豐富的教師沒必要親自批改大部分的作業單，」她寫說。「把這項工作自動化（經由科技）或是另外找學生批改並報告成績，便可讓教師有空構思更好的課程及分享最佳實例。」一旦你開始留意機會以卸下不重要的工作，你將會訝異可以找到多少。

這些活動外包都需要花錢，有些或許會讓你脫離以往你習慣注意的事情，可是也可能讓你有更多時間去做對你的專業真正重要的少數事情。這項策略並不適合每個人。但是，假如你擁有自己工作生涯的大量自治權，要知道你不必忍受工作超載。把可以外包的工作外包，才能把不能外包的工作做好。

減少工作策略＃2：用盡責換取自治

我們剛才討論的策略很適合自己當老闆的人，可是在大型公司裡長期工作超載的人怎麼辦？我從一位我叫她阿曼達的讀者身上學到一個妙招，來解決這種常見的情境。她自二〇〇九年起便服務於一家跨國工程設計公司。阿曼達說明，她聯絡我的時候是在她工作的前六年，她總是埋頭苦幹，想要做出最好的作品來爭取老闆的信任。以她的辦公室長年工作超載的文化來看，這並不容易做到。

阿曼達說明，她的公司存在兩類工作。第一類是她稱為「被動式、簡單、無腦的工作」。她解釋：「你只需到班，檢查電子郵件，全天做電郵叫你做的事情，然後下班。」第二類是她稱為「有意識、困難、專注、創造性的工作」，意思是你「花時間思考你為大型專案所能做的最重要、長期、有意義的事情。」在她工作的辦公室，第一類占優勢。人們預期你隨時收信——「我們大量使用電郵」——一旦你困在不斷檢視各種隨機任務與要求中，你永遠無法前進到第二類。

然而，在蜂巢思維式喋喋不休與長期工作超載的混亂當中，阿曼達設法為自己在公司裡找出一個有價值的利基。整個工程產業正由 2D 轉移到 3D 資訊模式，而她負責協助公司進行這項轉變——回答問題及協助個別計畫。那段期間，她讀了我二〇一二年的書《深度職場力》。我在書中建議，當你讓自己在公司變得重要後，應該利用這種**職涯資本**（career capital），把自己的職位變得更令人滿意。阿曼達受到鼓舞，懷著忐忑不安的心情向主管提議讓她轉任更為策略性的角色，而不是回答隨機的問題與協助個別專案。她希望負責所有區域的科技策略。擔任這個角色，她將完全遠距工作，一次只進行少數的長期專案。

阿曼達以為主管們會拒絕她的要求，而她已準備好離開公司去提供類似的顧問服務。令她意外的是，他們同意先試驗性進行這項新人事安排。「因為我遠距上班，我不再依賴『到班』做為我對公司價值的指標，」阿曼達解釋。「而是我的成果。於是我關閉電子郵件，手機開到飛航模式，給同事緊急聯絡方式，然後專注工作。」她離開無腦的工作，全心投入第二類工作。

阿曼達的安排既有機會也有危險性。當然，機會是指她的職責減少加上以工作績效作為評估，讓她得以脫離過動蜂巢思維工作流。「既然我的日常作業沒有人督導，」她說，「我有許多自由來擘劃創造最大價值所需的最短途徑。」她因此有可能大幅增加她對公司的價值，良性循環之下，甚至可為她爭取更多自治權。

當然，危險是指她現在**一定**要有成果。她不贊同舒適地「到班」以證明價值，並不是隨便反對一般的工作文化。對許多人來說，這項策略提供職業安全網。忙碌是可以控制的：假如你決定故作忙碌，你確定自己可以達成這個目標。在放大鏡檢視之下完成高價值成果，如同阿曼達現在決心要做的，則困難許多！光是決定創造有價值的東西，並不足以確保你一定做得出來。回顧XP個案研究，伍華德指出，很多開發者不喜歡極端環境，沒幾個星期就離開了。最讓他們感到壓迫的一點是什麼？透明度。你要不寫出很好的程式碼，要不顯然沒有。有些人對於這種評估他們實際工作績效的直率方式感到很不自在。

因此，阿曼達提議以盡責來換取自治的策略，是一項避免長期工作超載的有力方法，卻也有風險。如果你身處在一個長期工作超載的大公司，而你已培養出一項顯然讓你具有價值的專長，那麼這項策略或許是你爭取喘息空間、以轉移到更有效率的工作流的上上策。在運用這項策略時，你不一定要像阿曼達那麼大膽。有時只是自願參與一項大型活動，便足以讓你忽略訊息和拒絕開會邀請，而不致惹惱別人，因為你現在有個無懈可擊的藉口：「我很想參加，可是我忙著處理〔大活動〕。」不過，你很難避免基本的經濟學道理：為了爭取像自治權這類寶貴事物，意謂你必須提出絕對有價值的事物做為交換。換句話說，假如你想要擁有改善工作流的自由，你必須對自己的工作善盡職責。

有許多方法可以對抗專業化被削弱後造成的工作超載。這裡所探討的策略直接以知識工作的價值為提案。並不是所有的努力都可以為你的公司創造相同的價值。如果你花更多時間在高價值活動，因而花更少時間在低價值活動，你將創造更多整體價值。當然，短期會有其他成本，例如前置費用，或是對同事造成不方便，或者在阿曼達的例子，可能讓工作不保。可是，如同拉摩特對她的寫作課學生強調的：這永遠都會是值得的。在真正重要的事情上大幅提高效率所帶來的報酬，將可彌補克服這種專業化所造成的微小障礙所帶來的痛苦。**少可以是多**；祕訣是培養勇氣，在你的工作人生中擁抱這項策略。

衝刺，不要徘徊

我們談過的端極程式撰寫個案研究的一個重要概念是，一次做一件事、不受干擾、直到完成。以**衝刺**方式工作，在軟體開發界已被普遍接受，甚至是在沒有完全採取嚴格的 XP 規則的團隊。衝刺的歷史可以回溯至一九九〇年代 Scrum 的設立，最早的軟體開發敏捷方法之一。在 Scrum 衝刺時，一支團隊只做一項特定任務，例如在一個軟體產品增加一項新功能——沒有複雜的任務表，排滿會議的時程，或是複雜的每日策劃流程。這種生產力技巧已成為這個領域公認的最佳慣例。如今大家普遍認同，不適宜用開會邀約去轟炸一支正在衝刺中的開發團隊，或是透過電郵要求他們協助不相干的專案。在大多數軟體公司，開發者在衝刺期間不回信是完全合理的，因為企業文化認同這是當前他們運用精力的最佳方式。

當然，軟體開發是一項高度明確的工作。問題在於這項概念——衝刺單一目標——是否可以套用在電腦程式撰寫以外的世界，做為達成更專業化工作的普遍方法。很幸運，一名科技投資基金的合夥人，過去十年來都在探索這個問題。

二〇〇九年，谷歌成立一檔創投基金，將部分獲利投資於具前景的科技新創公司。它便是谷歌創投（Google Ventures）。二〇一五年，該檔基金分割出來，成為一家獨立公司，名為GV，谷歌母公司Alphabet仍是其唯一有限合夥人（資金來源）。

GV與谷歌之間的密切關聯，無可避免地讓這個搜尋引擎巨擘的軟體文化移植到該基金。其中一項依循這個路徑移植的概念，正是衝刺的價值。

一位名叫傑克・納普（Jake Knapp）的GV合夥人熟知軟體開發的衝刺。先前在谷歌任職時，他協助團隊執行這項策略以提升他們的效率。納普轉至GV工作時，他開始實驗各種方法，以便將這項工具運用在其他種類的商業挑戰。他最後設計出這項策略的修訂版，他稱之為「設計衝刺」（design sprint）。設計衝刺的目標是協助公司有效率地回應關鍵問題，要求高層主管連續五天（幾乎）不受干擾地專注於手上待解決的問題。二〇一六年，將這種衝刺運用在他們所投資的一百家以上公司之後，納普與另外兩名GV合夥人，約翰・澤拉斯基（John Zeratsky）與布雷登・柯維茲（**Braden Kowitz**），出書向廣大群眾介紹設計衝刺方法：《Google創投認證！SPRINT衝刺計畫》（*Sprint: How to Solve Big Problems and Test New Ideas in Just Five Days*）。

設計衝刺的目標，是要幫助你構想你的團隊或公司應該專注在什麼地方。在傳統職場，這些決定通常耗費數月的開會與爭論，加以無數的郵件串，最終大手筆投資在往往不管用的新產品或策略。設計衝刺則試圖將這項工作壓縮在一個超高效率的工作週，一路由最初的辯論到接收最終決策的市場回饋。第一天，你要釐清你想要解決的問題。第二天，你構想不同的解決方案。第三天，你做出要試探哪個解決方案的艱難決策，將之轉化為可以測試的假說。第四天，你組成一個粗略的原型，讓你可以測試假說。而在第五天即最後一天，你把原型展現給真正的客戶，聽取他們的回饋。這種衝刺已用於測試新產品，但是它們亦適用於測試廣告策略，甚至是決定一個既定概念是否有合理的市場。

設計衝刺有助於鼓勵專業化，因為參與者必須連續五天專注在單一重要問題。我好奇這種單一焦點的專注，實際上可以達到何種程度，於是聯絡上納普，請教他一個我認為是這議題核心的問題：「人們在設計衝刺的期間還會檢查電子郵件嗎？」他解釋說，衝刺期間的硬性規則是：「沒有筆電，沒有手機，沒有平板，什麼都沒有。」唯一例外是如果有需要的話，在第四天使用電腦來建構原型。納普指導一支團隊進行衝刺時，他告訴他們可以設立一封不在辦公室的自動回信，便不會因為失聯而感到壓力。（他說，對那些擔心脫離過動蜂巢思維不間斷雜音的人，這種自動回信是「壓力釋放氣閥」。）

參與者在上午十時至下午五時的衝刺時段之前與之後，**准許**使用電子裝置。他們在休息時間亦可檢視電子裝置，可是必須在開會的房間外頭。納普告訴我，他猜想更為極端的方法，亦即在一整個星期完全禁止與團隊外部的通訊，可以「促成更為深度的聚焦與更好的成績」。不過，他覺得這可能很難推銷，難以說服一群現代知識工作者同意五天完全失聯。然而，他停頓一下後指出，一旦他們經歷過這種失聯的「好處」，這個主意或許就不會感覺那麼極端。

納普的設計衝刺流程，很適合為你的事業未來方針做出重大決策，但是亦有許多其他知識工作的領域，可讓衝刺發揮效率。舉例來說，我和一名公關顧問談過，後者告訴我，當她的公司簽署一項大型活動企畫合約時，負責該專案的夥伴會安排一次辦公室內部的工作坊，有時歷時數日，團隊會自我隔離，找出該項活動的最佳行動計畫。我們可以想像類似的衝刺部署在試圖推動一個重大開放式問題的學術研究團隊。

實際上，在《Deep Work 深度工作力》一書，我討論到華頓商學院教授亞當．格蘭特如何運用這項策略，成為華頓史上獲得終身教職的最年輕教授之一。

大多數知識工作者職務繁忙，又受到既有工作方法的羈絆，往往無法輕易啟用一項大膽舉動來減少工作量。衝刺流程提供了一個間接的替代方式。如果你培養出設計衝刺式會議的文化，雖然無法在短期內減少其他工作，卻可抑制其影響——讓你往返於專業化與過動思維之間（勝過總是處於過動狀態）。

定期的衝刺亦有助於長期改變你的工作量，讓各別知識工作者更容易遊說減少全工作總量。在標準的過動蜂巢思維式辦公室，要求減少工作或許被視為懶惰（**為什麼你可以少做一點事情？**）。而在衝刺很普遍的文化中，你可以強調這些專注行動所創造的巨大價值，而後指責造成長期工作超載的瑣事妨礙了這種價值。一旦你明確劃分瞎忙與有助提升公司財務的衝刺，便很難再有理由說瞎忙更加重要。

想要讓衝刺流程成功，你需要讓每個參與的人都信服。當你在衝刺時，必須要相信自己確實可以避開電子郵件及通訊管道，而且不會造成他人不滿。如果你是自僱者，你必須清楚向客戶說明，你的工作基本上有兩種模式，在衝刺模式時無法聯絡到你。如果你在大公司做事，衝刺的熱情必須由高層散發出來。不過這種定期衝刺一旦被接受，它的好處很快就看得出來。如同納普向我解釋，協助團隊進行衝刺最棒的一點是，看見它激發出參與者的熱情。長期工作過載讓我們變得悲慘。當我們有機會逃離它的箝制，去做我們專長的事情，發揮我們的專業去創造可能的最佳成果，工作便由勞役變成我們確實感到滿足的事情。

分配專注力

先前提到，我在二〇一九年投書《高等教育紀事》週刊，標題是：〈電子郵件把教授們變笨了？〉這篇文章討論的不只是電子郵件而已。我檢討了學術界常見雜亂無章的工作流，在許多不同方面打擊了教授們的生產力。我探討的主題之一是服務。在大多數大學，教授們需要投入一些時間進行協助學校運作的活動，例如審閱申請入學，或者參加委員會，或者參與大學自治。這些職責是學術生活的基本。然而，問題是這些任務是如何指派的，教授們無法控制。「常見的方法是對所有要求一律來者不拒，」我寫道，「直到你忙到不可開交，絕望地想要趕上進度。」

一位名叫布魯斯．詹茲（Bruce Janz）的哲學教授為回應我那篇文章而寫了一篇文章，指出高等教育服務繁重的問題，他寫道：

問題來自於許多行政人員的態度，他們覺得簡化後的新流程是史上最佳，只需要一小份表格或教職員小小投入，或少許其他事情即可。問題亦來自於〔成立了〕其他委員會以指導、協助、規劃、支援或集思廣益等等的，每個委員會均要求同一批人再多一點點時間。還來自於這些管理委員會無一認為有必要合併或將任何事情合理化，於是相同的工作必須一做再做。

詹茲的分析指出，學界服務超載的一大原因是要求人們協助時先天不對稱。如果你主持一所大學的行政單位，或是負責籌組一個委員會，那麼由你的觀點來看，要求我或詹茲出席會議、或參與調查、或審閱一些檔案，似乎完全合理。你並不是要求大量時間投入，而我們的小協助對你達成大目標具備關鍵作用。我們拒絕的話，似乎太不文明了，甚至是反社會。

當然，問題是這些要求積少成多。如果二十多個單位及委員會都提出同樣合理的要求，我們突然之間，就被與我們研究和教學的主要目標無關的工作壓得喘不過氣來——這種情況不僅造成無效率，亦令人挫折。

這種情況蔓延到學界以外。知識工作者普遍被類似的不對稱造成長期工作過重。行銷部門很簡單便發出一封開會邀請，請教你對一項新產品活動的看法，你的老闆也很簡單就可以迅速寄出電子郵件，要求你為自己的團隊召開一系列的午餐會報。單獨拒絕其中一項要求，會讓你顯得小氣或懶惰。可是，許多這些「簡單」要求加總起來，便會讓你一直忙不完要做的事情。

在極端程式撰寫的個案研究中，這個問題的解決方案是禁止公司內部人士直接要求軟體工程師做任何事。他們的焦點應該要持續投入設計第一優先順位的軟體功能。如果你需要他們協助，你可以跟他們的專案經理溝通，後者會決定是否值得去打擾他們，以維護他們撰寫程式的主要目標。

可惜的是，這種模式並無法普及到所有知識工作的職位。舉例來說，如果教授們不再進行所有服務，大學將無法運作。同樣的，儘管XP團隊的軟體工程師可以被隔離起來，許多其他知識工作者卻必須去回答問題及要求，因為這是協同合作的要素。我們需要的是設法讓這些工作要求持續存在，但不讓任何人承接太大量的要求。在那篇文章中，我提出一個主意。

「一個解決方案是直接面對服務義務所造成的零和交換，」我寫說。「教授們的時間有固定數量……我們不能忽略這個現實，必須清楚計算這些交換的時間，說出教職員應被預期每年投入多少時間去從事服務。」我接著解釋，根據這項計畫，教授們不得超出他們與系主任協議的該學期時間限額。

我的服務限額提議比較像是思考實驗，而不是具體計畫，卻凸顯出一項工作過重的關鍵事實：這種情況很普遍，部分原因是它的嚴重程度沒有顯露出來。教授們不知為何總是忙碌。在無差別的大量活動之下，很容易就推給別人**再多一件事情**。為了釐清論點，現在想像我們實施了一條新規則，要求詳細計算服務時間，未獲大學校長確實許可下，不得超出固定限額。這種情境下，要達到極端服務超載的狀態就比較困難。舉例而言，假如你是校長，而你花了許多經費邀請一名頂尖學者到你的大學，當你被要求把她的每週服務時間提高到三十小時，好讓她應付各種不同的服務要求，你便很難簽署這份要求！在看到尖銳的數字時，你很難把工作超載合理化——假如頂尖人士的時間被大量投入於行政作業，為何要費事去聘請他們？但這些數字被模糊時，就比較容易忽視我們都很忙的事實。

在更為廣泛的知識工作，類似我假設的服務限額將可做為避免工作超載的強力策略。這種策略要奏效有三個關鍵。第一，以強調你的時間與專注力有限為前提。第二，你必須量化你目前有多少時間與專注力投注在你想要限額的活動上。第三，無論誰負責決定你做多少這類工作，在要求你做更多時，都必須考量你現在承擔的工作，即使那個人是你自己。

學術界有一個小領域早已普遍採用這種策略，那就是同儕審閱。學術發表有賴相關領域的教授進行同儕審閱。因此，大多數教授都會收到許多同儕審閱的邀約。應付這些要求的一項常見策略是，設定你每個學期進行同儕審閱的數量配額。一旦達到配額，你便有禮貌地拒絕額外的邀約，說明自己的配額已滿。這種方法很有效，因為它提供你為何無法再接下更多工作的理由，意思是邀約者壓迫你接下同儕審閱的唯一方法是暗示你的理由不好。

假如你請我審閱一份論文，而我說：「我不方便——我很忙，」你會反駁說：「我明白，可是這對我真的很重要。你可以幫忙嗎？」反過來，如果我說：「我希望可以幫忙，但是我已經達到每學期審閱十篇論文的配額了，」你想反駁的話，就必須說：「你應該一學期審閱十篇以上的論文。」這種反駁站不住腳，因為十篇論文已經很多了，而且這種配額數量相當合理。

在學界之外，我見過另一個成功運用的配額策略是，深度與淺薄工作比率，這是我在我的著作《Deep Work 深度工作力》首度提倡的。這個概念是事先跟你的主管達成協議，談好每週應有多少時數投入你被僱來進行的核心技能活動，以及多少時數投入其他種類的淺薄支援或行政作業。其目標是尋求平衡，以擴大你對公司的價值。接著你測量與分配工作時數，再回報你是否達成最佳比率。

在《Deep Work 深度工作力》出版後，許多讀者回報這項策略成功。它奏效的關鍵在於你的主管被迫正視工作量。假設你擅長某件有價值的事，主管便不會堅持幾乎都是淺薄工作的比率，因為在明確呈現之下，這顯然很不合理。等你回報說，依據你自己的測量，這正是你目前工作時數的狀況，便比較容易獲得授權改變，直接減輕你的工作超載狀況，因為，不然的話，你的主管就必須說你的工作比率事實上是對公司最好的（當然不會是這樣）。

開會配額也很常見。這個概念是在你的日曆上標記你有空開會的時間區段。這些時間加總起來應該是你覺得一週花在開會上的合理時間。接下來你收到開會要求時，你**只能**安排在這些時段，因此就不可能造成開會太多。如果你使用共用行事曆或者線上日程安排工具，你根本連拒絕都可省下來；想要安排開會的人，將看到你所有的時段都滿了。

這項策略在擁有高度工作自治權的企業家之間尤其流行。我認識的一家公司創辦人對他的員工和客戶實施一項簡單規則：中午之前不能開會。這讓他在每一天可以不受打擾地做完重要工作。另一位我認識的創辦人甚至更加極端：他與公司外部人士開會的時段只有在星期四下午。必須等上數週才能等到他下次有空的時間，是很常見的事。他完全沒有感到愧疚；他有事業要打拚。

在流程原則那一章討論到的任務看板，也是實施工作量配額的有力工具。在這裡，使用任務看板來組織工作有兩項好處：很容易便可看出每個人現在做多少工作，而且它有一套系統可更新工作指派的狀況，其形式通常是全員參加的狀態會議。想像你在一個使用任務看板的團隊工作。如果你早已工作量繁重，在看板上立即一清二楚——你的團隊領導人便很難再加重你的工作，尤其是如果別人的工作量較輕的話。在你必須工作超載的情況下，你被要求承擔的等級是無可否認的，意謂你的努力將得到應有的功勞。反過來，在過動蜂巢思維職場，這些任務是透過電郵以臨時安排的態度分配，你很可能發現自己不僅工作太多，而且這種犧牲沒有得到認同。

後面這點很重要，因為這導致時常遭到忽略的不公平。我在第五章開頭便談到，若你輕率地經營一間辦公室，便會產生霍布斯式動能，最粗魯、難相處的人可以做少一點工作，而講道理的同儕則工作過重。已故的諾貝爾物理學獎得主理查·費曼（Richard Feynman）曾在一項知名的訪談中表示，他減少委員會工作的策略，是把這份差事做得很糟糕，所以人家最後都不再找他幫忙了。很少有人做得出來這麼厚臉皮的事。難道我們真的要獎勵那些做得出來的人嗎？

有關這個主題的一項重要研究，由卡內基美隆大學的琳達·巴考克（Linda

Babcock）主持的研究小組所發表，說明這種動能如何不成比例地對女性形成巨大影響。在實地與實驗室的兩種研究，研究人員都發現女性比男性更可能自願去做「非升職性質」的服務。女性亦更加頻繁被要求去做這些任務，被要求時也更常同意。「這可能對女性造成嚴重後果，」研究人員指出。「如果她們不成比例地負擔這些沒人看見或無甚影響的工作，她們將花更久時間才能在職涯上晉升。」

我們對工作如何分配視而不見，在當下或許很便利。假如我想要指派一項專案，我寧可不要面對我的團隊成員已做了多少工作的現實——我只是想要把專案完成！可是這種盲目的便利是有代價的。它阻礙了邁向提升生產力的專業化，並且可能不成比例地懲罰某些群體。當你被迫正視做了多少工作量的現實，偶爾將某人的工作量加重到極端的程度，本身就更是一種極端舉動。換言之，在說到我們預期知識工作者需要負擔多少職責時，問責制可以幫助我們做出合理決定。

超級充電支援

我們在嘗試轉移到專業化時，必須提出的一個重要問題是，每個人都做更少事情的話，剩下來的工作怎麼辦？許多這些工作會直接消失，因為它們顯然對創造價值產出不重要。舉例而言，運用極端程式撰寫的軟體工程師花在開會與回答電郵的時間比同儕少，可是他們的公司沒有這些多餘活動也運作得很好。然而，轉換到更為聚焦的工作量，無可避免的會讓一些無法消除的行政作業沒人去做。處理這些剩餘工作的一個解決方案是逆轉田納與沙松首先觀察到的，智慧專業化被削弱的趨勢，而**增加**支援人手。

大部分的現代知識工作組織把人員當成廣泛用途的電腦，執行創造價值與行政作業的紊亂組合——往往分配不公平，而且完全不適合任何大全景目標。相較之下，在**專業化組織**下，員工往往分為兩類，一群人幾乎專門創造價值產出，例如XP團隊的軟體工程師，而另一群人幾乎專門處理維持組織運作所需的其他後勤作業。如同沙松的研究指出，以這種方式僱用更多支援人力未必會削減獲利。倘若能夠讓專業人士更加專注於工作，他們的產出更多，這些新增的價值將可彌補僱用支援人力的費用。我們急於削減人力，叫大家自行透過電腦介面處理行政作業，只是徒然創造簡化流程的幻覺。這些表面上的數據，模糊了新增的作業需求，導致知識工作創造價值的認知裝置磨損、故障的程度。

重拾可以分隔專業與行政工作的文化，是擺脫過動蜂巢思維及大幅提高生產力的關鍵。不過，這並不意謂我們一定要倒退到辦公室電腦革命以前的「廣告狂人」式支援環境——每間辦公室外頭都有助理桌，替主管聽寫備忘錄，小跑步的人員推著郵件車與送咖啡的情況隨處可見。這幾十年來的科技已大有進步，可以提供更為洗鍊版本的支援。我們重回專業化狀態時，應該要把協助這項轉變的支援角色超級充電，變得更有效率，並且更令人滿意。

以下是我們如何達成這個目標的一些概念。

超級充電概念 #1：建立支援的架構

薇洛妮卡以前擔任一所大學的客服代表，負責回答詢問及處理訂單。她的辦公室使用電子郵件來處理所有的通訊。我為了本書而訪談薇洛妮卡時，她告訴我：「我上班就是『解決』所有的郵件。」「有時，我會連續坐在椅子上八小時，只為了清空收件匣。」換句話說，她的工作正是負荷超載的情況——持續湧入的各種任務令她窮於應付。她說明，當時她以為這是「正常工作」。如同許多主要透過電郵與外界互動的支援人員，她很難理解若非如此，她要怎麼完成她的工作。

後來，她轉換到地方法院系統的公部門職位。工作性質與大學的工作類似：她經手法律費用及更新案件檔案。可是，工作的感覺很不相同，因為一個重要理由：她的新工作不在辦公室使用任何電子通訊。薇洛妮卡解釋，他們使用一套客製化的案件管理系統來輸入及更新案件資訊。不過，支援人員之間的通訊全部是實體傳送。人員們處理的不同任務均運用明確的工作流，明確的書面文件由一個人傳給另一人。某些案件，基於法律理由，文件傳送需要簽名或是額外複本，以保留書面紀錄。如果你有個非正式問題，便走去問相關人員。

或許有人會說，如果使用數位網絡，這些舊式工作流的個別步驟都可以變得更有效率。假如你可以在一封電子郵件附加一份PDF就好，卻還得親自走去別人的辦公室，似乎是浪費時間。但先前在**凡事**都用理應更有效率的電子郵件處理的辦公室工作過，薇洛妮卡並不認同。她用「交易式」來描述新辦公室的工作。如果有人需要什麼東西，他們親自拿來給你，你當場處理完畢。或許拿著表格走過走廊的時間確實比電子郵件慢，但以生產力的角度來看，薇洛妮卡並不覺得更沒有成效。當你不再需要切割自己的注意力在眼前的事情與信箱裡，不知何時冒出來的非同步對話之間來來回回，每一件任務所花費的時間將會減少。

薇洛妮卡亦指出，沒有電郵的辦公室有其他較抽象的好處。「由於我們彼此面對面互動，培養出同志情誼。」她說，不同於一整天盯著螢幕的舊工作給她的隔離感。而不必再面對信箱湧入工作的速度快到你無法處理，亦有一大心理助益。「最棒的是，我們在辦公室裡做完所有的工作，」她告訴我。「你不可能把任何工作帶回家。」

我們應該從薇洛妮卡的故事記取教訓，重回紙本辦公室並非是明智之舉，工作流對於支援作業才是至關重要。薇洛妮卡的兩份工作都是差不多相同的支援性質，可是第一份訴諸過動蜂巢思維，而第二份更為精心地架構了支援作業。其中的差異很顯著：第一份工作讓薇洛妮卡不快樂且沒有效率，第二份則修正了這些缺陷。

為了打造持久的專業化組織，支援人員需要這種有架構的流程。僱用新的支援人員，然後給他們分派電子信箱，叫他們「好好幹」，這正是悲慘與高流動率的配方。想要成功地重新引進支援人手，你需要更有系統的工作流。視工作的種類而定，這些流程運作的細節可能有很大的差異。總的來說，流程應該要把每個步驟都說得很清楚。支援人員不應該不知道接下來要做什麼，因為這種不確定會消耗精力，並且可能造成無止境、令人沮喪的臨時談話。

此外，我們必須記住，交易式工作通常勝過並存的工作。如果有可能，不妨設立一個流程，讓支援人員一次做完一件事，並且親自當面處理問題（而不是透過來回的電子通訊）。在當下，能夠迅速發送訊息似乎是節省時間，但是當大家都這麼做的時候，每個人都被埋在信箱裡，難以就任何事做出合理的進展。

超級充電概念 #2：建立支援與專業人員之間的智慧介面

為了讓我的喬治城大學電子信箱保持合理，我設立一個 Gmail 篩選器，自動將行政通知移出主要收件匣，列為稍後再讀。我設立這個篩選器的流程很簡單：每次一有行政信件寄到我的主要收件匣，我就把寄件者加入篩選名單。不久，我便無法負荷。我的篩選名單目前包括二十七個不同的喬治城位址寄件者，每個人都定期寄送行政通知。某個時候開始，我乾脆放棄更新篩選名單：實在有太多不同單位想要瓜分我的注意力了。

我任職的大學的問題，亦是大多數知識工作組織的常見問題，在於每個支援單位或多或少以獨立單位性質在運作，企圖以最有效率的方式完成他們自己的內部目標。以那二十七個定期寄送電子郵件給我的單位來說，發送這些信件是完全合理的。他們必須宣布一些資訊，而寄送大量電子郵件顯然是他們達成目標的高效率方法。

反方向的互動也會發生相同問題。在大型機構上班的人都熟悉這件事，即支援單位要求你填寫複雜又意味不明的表格，才能申請某些服務的那種痛苦。同樣的，若我們把每個支援單位視為想要盡可能有效率完成目標的迷你獨立機構，這些複雜表格便是合理的——如果支援人員可以讓每個人在對他們最有幫助的表格填入資訊，他們處理起來便會更省事。

當然，問題在於這些支援單位並不是獨立機構：它們屬於一個大型組織，而它們的內部效率未必會對組織的財務造成影響。在大多數知識工作環境，專業人士才是直接創造價值產出，以支撐其組織的人員。就這項現實而言，支援單位比較好的目標應該是如下所列：有效率地履行他們的行政職責，但是對專業人士的主要工作職責造成的影響要**愈小愈好**。如果認真的話，這項標準或許意謂，支援單位自己的工作**不要**那麼有效率，對組織來說才是比較好。

這個概念與我們的主題相關的接觸點，在於專業人員與支援人員互動的各種**介面**。以我剛才所說的電子郵件名單為例，假如每個單位都被放任以對自己作業最便利的方式來設計介面，很快地，大家都會被難以合理處理的新增通訊量給淹沒。以這個案例來說，較好的介面或許是共用的每週通訊，包含所有相關宣布的簡述，另外附上更多詳情的連結，以供有興趣者參考。這項規定會讓支援單位的作業稍微困難一些，因為他們無法再隨時寄出宣布，不過資訊仍然會公布，而且是以減少干擾的方式。

我們不妨想像一個較為極端的例子，有個組織若是要求專業人員的時間與專注力，例如停車辦公室要求他們填寫停車換證表格，或是旅遊辦公室要求預先登記所有的旅遊，這些要求都會被送交給**專注力資本申訴專員**，後者會排除不必要的要求，整合其他要求，甚或與支援單位協商讓這些要求更容易達成。這或許聽起來荒謬，真是這樣嗎？舉例來說，谷歌早已大手筆投資在免費食物及補貼衣物乾洗，以協助高薪專業開發人員創造更多價值。在那種背景下，這類申訴專員的成本與其釋放的額外價值相比，或許根本微不足道。

換個方向，我們不妨想像同時也優化專業人員用以聯絡支援單位的介面，目標是盡量減少專業人員的時間與專注力所受到的影響。在消費者互動的世界，過去十年來，一直有人在推動所謂的**隱形使用者介面**（Invisible UI），意指介面極為簡單、有彈性，消費者甚至不認為它們是介面。或許現今最普遍的隱形使用者介面例子，正是Alexa與Google Home之類的數位助理電子裝置。你不需要瀏覽電腦螢幕上的目錄以找尋某些資訊、傳送訊息或者播放音樂，只需要大聲說出來，電子裝置便會明白你的要求。想像在一個大型組織，你不必為了申請休假或提出獎助金計畫而跟複雜的網頁介面奮鬥，只需要在一個聊天視窗輸入你想要做的事，便有人會到你的辦公室來，或是打電話給你，以取得他們需要的額外資訊。

以上的案例只是為了激發更為具體的思考。你如何實際優化這些介面的細節，取決於你的工作類型。思考這種優化的一個較為抽象方式是，想像每個支援單位都有一個計數器，能夠神奇地記錄該單位當週要求其他員工注意的分鐘總數。你的目標是盡可能減少那個數值，但仍然執行核心功能。當然，實際上並沒有這種計數器，難以完全表達出思考這種支援方式所能造成的改變。

最後，我必須坦承對於這些概念感到有些惶恐。邁向更加專業化有一個道德陷阱，亦即可能造成享受自己工作的專業人員、與過勞的支援人員下層階級之間的尖銳分化。我在這裡提到支援單位應該願意更努力工作一點，好讓專業人員的工作輕鬆一些、而不必什麼事都要他們自己去做，這似乎讓我們的討論掉入這個陷阱。為此，我要提出兩點辯護。

首先，重新調整支援人員以優化專業人員的生產，不必然要把前者的工作生活變得更為悲慘。我在本章提到的第一個概念是把支援流程引進更多架構，以脫離過動蜂巢思維的工作超載。這個概念依然適用：改變你的目標，從讓自己的單位盡量有效率，變成協助你的組織盡量創造價值，這並不需要降低工作職位的品質或可持續性。

我的第二點辯護是，無論我們喜不喜歡這個建議，它已是一種經濟現實。如果一個知識工作組織是在一個競爭市場創造有價值的認知產出，那麼理所當然的，其支援單位以這種產出為優先事項將助使該組織更為成功，勝過讓每個單位短視地專注在自己的內部目標。明確來說，沒有任何單位應該受到輕蔑或是被認為不重要，沒有任何人應該要忍受造成悲慘的工作環境。但是在這些基本原則之外，企業確實並不民主，員工們未必全部都獲得相同的工作自由。說得難聽一點：沒有一個知識工作組織因為其人資部門的內部效率而征服一個市場。

超級充電概念 #3：最後手段，模擬你自己是支援人員

先前兩個概念是有關大型知識工作組織的支援人員角色。想要落實這些概念的話，你必須大權在握，或許是執行長或大型部門主管。如果你只是名沒有控制權的員工，卻因為沒有足夠支援而為難，你也並非一籌莫展。在這種情況下，作為最後手段，我建議**模擬**（simulating）你自己就是支援人員。

達成這個目標的方法之一，是將你的時間切割為兩個類別：專業與支援。舉例來說，或許中午十二時到下午一時，以及下午三時至五時，是支援時段。其他時間，你

都像是一名專業組織工作者一樣：一心一意進行直接創造價值的技能工作。不回覆行政電子郵件或參加行政會議——只做自己擅長的事情，彷彿你是一名XP開發者。相反的，在支援時段，你像是一名全職支援人員，目標是讓你的專業分身更有效率。在這些時段不要只是迷失在電子郵件裡，而是要確實遵守前述建議，設立流程以減少自己為了這些後勤作業而忙碌不堪的情況。（流程原則那一章提供一些明確策略，可供個人運用以達成這個目的。）你甚至可以優化自己工作和生活兩個層面之間的介面，設立一個簡單的收集罐，讓專業人士的自己把行政作業收藏起來，留待支援分身之後去處理。或許你可以建立一個文字檔案，或許辦公桌上真的放一個塑膠罐，把表格或提醒自己的字條丟進去（後者是大衛．艾倫原創的主意）。

如果你想要進階版，可考慮使用兩個不同的電子信箱。我在教授工作時便這麼做。我在 georgetown.edu 有一個大學指派給我的信箱，我用來接收所有的大學正式通訊，並且盡可能用它來做行政作業。我還有一個信箱是我們系上 cs.georgetown.edu 的伺服器管理的，我用它來和其他教授、我指導的學生與博士後、我的研究同僚互動。前一個信箱屬於支援人員的我，後一個則屬於專業人士的我。

另一項進階技巧是一整天只做一種角色。或許星期二及星期四是支援日，而星期一、三、五是專業日。不是每種工作都可以這樣切割自己的活動，但是假如你可以的話，這種明確切割可以讓你思路清晰。我曾遇到遵行這項規則的人，他們是利用不同場所——例如，在辦公室是支援日，居家工作則是專業日。

假裝自己是兩種不同性質的工作者，或許看似辛苦，但是把這兩種不同工作分隔開來，卻可以得到驚人的效率。我們在第一部討論過，在支援與專業工作之間迅速來回切換，會降低你的認知能力，導致工作品質更差、工作速度更慢。專心進行一項困難專案一小時，接著再專心做行政作業一小時，將可創造更多的總產出，勝過你在兩小時內混合進行這些工作，專注力被零碎切割。

科技將我們推向專業化減弱與工作負荷的增加。在個人電腦讓專業人員可以處理更多支援作業之後，職責數量多到難以負擔成為新常態，也讓過動蜂巢思維工作流固

定成為應付我們瘋狂職業生活的最佳選項。

因此，想要重新思考工作的話，我們首先必須提高專業化。讓具有創造價值技能的知識工作，專心發揮那些技能，同時安排擁有可靠、迅速配置的支援人員，來處理其他事情。在專業化與支援之間的平衡上，朝向更少（卻更好），將是知識工作由現今無效率的混亂進化得更有組織的基礎。

結語

二十一世紀射月計畫

一九九八年，社會批評家尼爾・波茲曼（Neil Postman）發表一場重要演說，題目是：「有關科技變革需知的五件事」（Five Things We Need to Know about Technological Change）。他一開頭就說道，雖然他對於圍繞現代科技的所有問題沒有解決方案，他想要分享一些他研究這個主題三十多年來的想法。他的每個觀念都很深奧。例如，他談到所有科技變革固有的基本妥協：「新科技每提供一項優勢，總伴隨著劣勢。」他亦指出，這些優勢與劣勢從未「均衡分布」在人口之間。

然而，我想要詳談的是他五個觀念當中的第四個，因為它讓我對我嘗試在本書建立的智慧框架感到如釋重負：

> 科技變革不是添加性的，而是生態性的……新媒介並不是添加了什麼事情，而是改變了所有事情。在一五〇〇年印刷術發明之後，你看到的不是添加了印刷術的舊歐洲，你看到的是不一樣的歐洲。

波茲曼的概念澄清了許多人對電子郵件等數位通訊工具所產生的認知混淆與不和諧。在理性上，我們知道電子郵件是更好的傳送訊息方式，勝過它所取代的技術：它通行全球、快速、基本上免費。對那些年紀老到還記得傳真機卡紙或是破損公文封的紅色細繩多難拆的人來說，無庸置疑地，電子郵件優雅地解決了曾經讓辦公室生活無比惱人的實際問題。但在同時，我們又厭煩電子信箱，後者似已成為壓力與工作過多的來源，儘管它們也提升了生產力。這兩種反應——欣賞與厭惡——令人困惑，致使許多知識工作者充滿挫折地遞出辭呈。

拜波茲曼之賜，我們可以釐清想法了。問題在於，我們往往把電子郵件想成是**添加性**的，以為二〇二一年的辦公室是一九九一年的辦公室加上快速傳訊。其實不然。電子郵件並非添加性的，而是**生態性**的。二〇二一年的辦公室並不是一九九一年的辦公室加上額外的功能，而是全然不同的辦公室——這裡的工作以永不結束、臨時、無結構的訊息流動方式展開，我稱這種工作流為**過動蜂巢思維**。我們以前不用這種方式，可是時至今日，我們徹底糾結於蜂巢思維的需求之中，被淺薄的忙碌給碾碎，努力想要做好重要工作，同時卻益發感到悲慘。

我在本書的第一部試圖說明這種動能。除了定義過動蜂巢思維工作流及解釋它衝擊我們工作生活的各種方式，我並仔細檢視那些造成它無所不在的複雜力量（結果與管理大師彼得·杜拉克早年堅持知識工作者自治有很大的關係）。我所提出的看法是：電子郵件讓蜂巢思維工作流變成可能，卻沒有把它變成無可避免。換言之，我們不是一定要這樣工作。本書的書名《沒有 Email 的世界》，其實是方便的縮寫而已，準確描述我的願景則是：**沒有過動蜂巢思維工作流的世界**。

在建立這種現實之後，我在本書第二部將注意力由這種工作流的負面層面，轉移到我們明白可以加以取代之後，所興起的正面機會。我在本書第二部所提出的最重要觀察或許就在第一章，我指出一九〇〇年至二〇〇〇年之間，一般體力勞動者的生產力增加逾**五十倍**。這點很重要的理由是，創造「**知識工作**」一詞的杜拉克，在其生前評估知識工作者的生產力接近一九〇〇年的體力勞動者。換句話說，我們甚至還沒有領略到在這種新經濟部門如何妥善運作的皮毛。接下來提到，打破過動蜂巢思維工作流窠臼，可能創造驚人的生產力提升——國內生產毛額（GDP）增加數千億美元之譜，或許更多。正如一位知名矽谷億萬富豪執行長在我們最近討論到這個彼此都熱中的話題時跟我說的：「知識工作者生產力，是二十一世紀的射月計畫（moonshot，指不大可能實現的事情）。」

為了協助建構這項無比重要的計畫，我提出**專注力資本理論**。一旦你認同知識工作的主要資本資源是你僱用的人腦（或者更正確的說，那些人腦專注於資訊及創造更有價值的新資訊的能力），接著根據基本資本主義經濟學，能否成功取決於你如何部署這項資本的細節。透過這項理論的鏡頭來看，過動蜂巢思維只不過是眾多執行人力部署的方法之一。這種工作流雖具備簡易與彈性的優點，也有資本報酬率低落的缺點。這聽起來應該耳熟能詳，因為一開始是簡單的資本部署，接著轉換到更為複雜卻也更能獲利選項的故事，在上一次科技與商業破壞性衝突的時期發生過許多遍，那就是工業革命時期。

第二部接下來探討設計智慧工作流的不同原則，亦即以更有效執行知識工作的方法，而不只是讓每個人連上電子信箱，讓他們自由發揮。後面幾章的宗旨並非作為包羅萬象的指南，因為我是位學者，不是企業專家，但我希望那幾章的具體性可以刺激人們研發新策略，為你的組織或個人專業生活環境量身打造。

在演說接近尾聲時，波茲曼說：「以前，我們用夢遊的態度經歷科技變革……這是一種愚蠢的形式，尤其是在科技廣泛變革的時代。」他說的一點都沒錯。以任何合理的歷史尺度而言，數位時代的知識工作都是近期才發生的現象。若假設我們在這些科技突破之後立即拼湊出來的簡易工作流，便是組織這種複雜新工作的**最佳方式**，那就太罔顧歷史及短視了。當然，我們不會第一次嘗試便做對——如果是的話，就太稀奇了。就此而言，應可清楚看出本書的目的不是反動地拒絕科技。當今的盧德主義者應該是那些懷舊地堅持過動蜂巢思維的人，宣稱不需要設法改進我們在日益高科技世

界的工作。

一旦我們了解知識工作令人挫折的梗概，便能體認到我們有可能讓這些工作不僅更具生產力，同時亦更令人愉快且可持續。這必然是最令人興奮與衝擊重大的挑戰，然而幾乎沒有人談論……還沒有而已。「我們需要睜大眼睛前進，」波茲曼結語指出，「好讓我們利用科技，而不是被它利用。」如果你是因為電子郵件而精疲力竭、滿懷希望地期待現今沉迷於持續連線的文化下，有更好方法來做好工作的數百萬人之一，現在正是你睜大眼睛的時候。

致謝

我在《Deep Work深度工作力》完稿的同時，幾乎立刻就著手進行本書。當時，我知道自己對於折磨數位網路時代知識工作的議題之複雜層面僅有膚淺了解，但是我努力想要把這些念頭凝聚成一個實用的架構。二〇一五年《Deep Work深度工作力》即將出版，在思考接下來要寫什麼時，我到馬里蘭州貝塞斯達的邦諾書店（Barnes & Noble）瀏覽陳列的平裝書（遺憾的是，書店現在已經關門了），無意間看到傑容・藍尼爾（Jaron Lanier）的《誰擁有未來？》（*Who Owns the Future?*，暫譯）。我很佩服他在批評網路架構所造成經濟衝擊的同時，亦提議大膽及明確的替代方案。站在通道上、手中拿著那本書，我忽然靈光乍現，一掃我不斷掙扎其中的研究與直觀混沌：如果工作不需要電子郵件呢？

我第一個推銷這個想法的人是我的妻子茱莉，從我二十一歲與藍燈書屋簽下第一紙合約以來，她一直協助我收集及塑造書本的概念。她是我所有初期寫作概念的主要過濾者，因此，她的肯定啟動了整個寫書的程序。第二位聽我推銷的人是我的多年文學經紀人與出版導師蘿蕊·亞伯克梅爾（Laurie Abkemeier），不可思議地，她同樣從我二十一歲便一直跟我合作。她也鼓勵我發展這個概念，同時展開漫長迂迴、絞盡腦汁的研究過程，最終助使我讓本書付梓。Portfolio 出版社的主編妮琪·帕帕多波洛斯（Niki Papadopoulos），以及發行商亞德里安·柴克漢（Adrian Zackheim）很熱心，買下本書與我在二〇一九年出版的《深度數位大掃除》（*Digital Minimalism*）。妮琪是塑造本書的核心人物，並且鍛鍊我的語氣與更廣泛處理這些主題的方法，我不勝感激。我也要感謝 Portfolio 的宣傳團隊，包括瑪歌·史塔瑪斯（Margot Stamas）與莉莉安·波爾（Lillian Ball），我與她們在《深度數位大掃除》密切合作過，並且有幸在本書再度合作；還有瑪麗·凱特·史克漢（Mary Kate Skehan）協調行銷，以及金柏莉·梅倫（Kimberly Meilun）管理出版細節。

這些年來聽我談論本書概念、進而提出高明見解的寫作同儕、朋友、家人和鄰居不計其數，無法一一列舉，他們慷慨提供回饋，無疑地對磨鍊我的想法起了重要作用。最後，我想要強調我在《紐約客》的編輯約書亞·羅德曼（Joshua Rothman）的貢獻，他邀請我在這段期間就本書涵蓋的主題撰寫兩篇文章。這些重疊的寫作，加速了我能夠收集相關研究的速度，他的編輯指導，亦精進了我對這些主題的想法與寫作。

big 0372
沒有 Email 的世界：過度溝通時代的深度工作法

作　　者──卡爾・紐波特（Cal Newport）
譯　　者──蕭美惠
主　　編──陳家仁
編　　輯──黃凱怡
企　　劃──藍秋惠
協力編輯──張黛瑄
封面設計──木木林
內頁設計──賴麗月
內頁排版──林鳳鳳

總 編 輯──胡金倫
董 事 長──趙政岷
出 版 者──時報文化出版企業股份有限公司
108019 台北市和平西路三段 240 號 4 樓
發行專線─（02）2306-6842
讀者服務專線─ 0800-231-705、（02）2304-7103
讀者服務傳真─（02）2302-7844
郵撥─ 19344724 時報文化出版公司
信箱─ 10899 臺北華江橋郵政第 99 信箱
時報悅讀網─ http://www.readingtimes.com.tw
法律顧問─理律法律事務所 陳長文律師、李念祖律師
印　　刷─紘億印刷有限公司
初版一刷─ 2021 年 10 月 29 日
定　　價─新台幣 420 元
（缺頁或破損的書，請寄回更換）

時報文化出版公司成立於一九七五年，並於一九九九年股票上櫃公開發行，於二〇〇八年脫離中時集團非屬旺中，以「尊重智慧與創意的文化事業」為信念。

ISBN 978-957-13-9447-3
Printed in Taiwan

沒有Email的世界：過度溝通時代的深度工作法/卡爾.紐波特(Cal Newport)著；蕭美惠譯. -- 初版. -- 臺北市：時報文化出版企業股份有限公司, 2021.10
面；14.8x21公分. -- (big；372)
譯自：A world without email: reimagining work in an age of communication overload.
ISBN 978-957-13-9447-3(平裝)

1.商務傳播 2.電子郵件 3.工作效率

494.01　　110015175